U0256617

"十三五"国家重点出版物出版规划项目

前沿科技普及丛书

前沿科技热点
学习笔记

徐鸣 著

Study Notes on Hot Topics
of Cutting-edge Science
and Technology

中国科学技术大学出版社

内 容 简 介

作者通过对人工智能、量子信息、转基因等前沿科技热点知识的不断学习,结合自己长期主管科技有关工作的从业经历和认知,用自己的语言和思考对前沿科技热点问题进行解读,内容包括"探寻基因中生命的秘密""智能医疗:从'达·芬奇'到'沃森'""人工智能时代的物联网""人造太阳与人类终极能源"等科普文章和读书笔记。作者以通俗易懂的语言,综述各前沿科技热点的起因、发展过程及最新前沿成果,并经相关领域学术专家把关,以保证内容科学、准确,以期弘扬科学精神,普及科学与技术知识。

图书在版编目(CIP)数据

前沿科技热点学习笔记/徐鸣著.—合肥:中国科学技术大学出版社,2019.8(2022.6重印)

(前沿科技普及丛书)

"十三五"国家重点出版物出版规划项目

ISBN 978-7-312-04712-1

Ⅰ.前… Ⅱ.徐… Ⅲ.科学技术—普及读物 Ⅳ.N49

中国版本图书馆 CIP 数据核字(2019)第 108749 号

前沿科技热点学习笔记

QIANYAN KEJI REDIAN XUEXI BIJI

出版	中国科学技术大学出版社
	安徽省合肥市金寨路 96 号,230026
	http://press.ustc.edu.cn
	https://zgkxjsdxcbs.tmall.com
印刷	安徽国文彩印有限公司
发行	中国科学技术大学出版社
开本	710 mm×1000 mm　1/16
印张	11.75
字数	180 千
版次	2019 年 8 月第 1 版
印次	2022 年 6 月第 2 次印刷
定价	40.00 元

做一个热爱科学的现代人(代序)

> 科学给予人类最大的礼物是什么？是使人类相
> 信真理的力量！
>
> ——康普顿(美国物理学家)

我们生活在一个科学与技术迅猛发展的时代。进入近现代社会以来，一波又一波的工业化浪潮带动着工业技术持续不断地进步，促使科学研究在众多领域取得了突飞猛进的发展。科学的发展也推动着技术的进步，新的技术成果、新的产品体验，每一天都会给我们带来各种惊喜。互联网加快了信息的传播，新的概念、新的知识扑面而来。科学与技术以无比强大的力量重塑整个世界，给人们的社会生活带来日新月异的变化。生活在这样一个科学的时代，我们每一个人都需要亲近科学、认识科学，做一个热爱科学的现代人。

人类社会的发展,经历了从工具到技术、从技术到科学的发展变化过程。人类的第一项发明就是石器工具——一种用天然石块制作的简单生产生活工具。手握石器工具的古人类增强了战胜各种艰难困苦的信心,石器工具伴随人类度过了漫长的原始岁月。人类在社会生活中不断积累经验与知识,这种经验与知识逐步转化为人类生产生活的技能,最终演化为各种技术。人类最初掌握的是手工技术,然后是机器制造技术;技术改造了工具,工具又延伸出新的使用技术;工具与技术就像是一个人的左右手,帮助人类增长了生存与发展的本领。人类不仅有灵巧的双手,更有充满智慧的头脑。人类在成长岁月中,既增长改造自然的本领,也积累探索自然的知识。人类最初对自然的认识是极其幼稚的,许多幼稚的想法保留在人类古老的神话和宗教故事里面。公元前500年左右,古希腊的哲学家和科学家们,如泰勒斯、毕达哥拉斯、德谟克里特、柏拉图、亚里士多德、欧几里得、阿基米德等,一个个大名鼎鼎的智者,开始了对世界本原的探讨、对自然知识的系统论述,展现了科学的理性风貌。在古希腊时期,科学是哲学的一部分,称为自然哲学。西方的这个传统一直延续到牛顿生活的年代,牛顿把他原本论述经典物理的伟大著作叫作《自然哲学的数学原理》。直到18世纪末、19世纪初,英国爆发的工业革命、法国发起的启蒙运动使科学知识得到了空前重视和广泛传播。科学作为系统化的自然知识,逐步脱离哲学的范畴,独立登上了人类历史的舞台。

　　中国是一个文明古国,曾以陶瓷、丝织、建筑三大技术和造纸术、印刷术、火药、指南针四大发明而闻名于世。但是,中国两千多年的儒学传统,所重视的是道德仁术,而忽略的则是对自然科学自由探索的精神。当鸦片战争爆发时,西方列强以坚船利炮轰开了中国闭关锁国的大门,一些思想先进的中国人开始幡然醒悟。20世纪初,中国爆发的新文化运动高举民主(德先生,Democracy)和科学(赛先生,Science)的大旗,开启了一个崇尚科学的时代。在那个时候,学习西方的科学与技术曾是作为救亡图存的道理而提出来的,虽然仍缺乏科学的自由探索精神,但尊崇科学与技术之心是无比真诚的。1915年,陈独秀在《青年杂志》的发刊词"敬告青年"中写道:"国人而欲脱蒙昧时代,羞为浅化之民也,则急起直追,当以科学与人权并重。""宇宙间之事理无穷,科学领土内膏腴待辟者,正自广阔。青年勉乎哉!"1923 年,胡适在为《科学与人生》一书写的序中说:"这三十年来,有一个名词在国内几乎做到了无上尊严的地位;无论懂与不懂的人,无论守旧与维新的人,都不敢公然对他表示轻视或戏侮的态度。那个名词就是科学。"从那个时候开始,科学在中国逐步登上了思想的圣殿,科学代表着进步,科学意味着文明,科学昭示着发展。正如胡适所言,没有人"敢公然对他表示轻视或戏侮的态度"。今天的中国,科学与技术的发展与 20 世纪之初的中国相比有了翻天覆地的变化。在众多领域,中国科学与技术的发展达到了世界领先的水平。中国人在经济的持续增长中深切体会到科学与技术进步的重要意义,不断增强的经济能力也为科学与技术的发展奠定了坚实的基础,中国已经到了为世界科学与技术发展作出贡献的时候。

今天的科学与技术,对众多科学家和专业技术人员来讲,可能是一份难能可贵的职守,一份毕生追求的事业;对广大社会大众来说,或许是工作中克服困难、提升素质的一个途径,生活中开阔视野、增强能力的一份常识。生活在现代社会的每一个人,无论是不是科技工作者,都不能漠视最基本的科学知识、最常用的普通技术。我记得,自己在一个城市从事行政工作时,有一次偶然遇到一位从事太阳能光伏材料制造的企业家,大家聊起单晶硅与多晶硅的区别以及硅材料的发展前景,谈得非常投机。最后,这位企业家笑着对我说:"我本来打算把企业规划在兄弟城市的,难得您对太阳能光伏材料也这么熟悉,我决定把企业的生产基地就放在你们的城市。"事后,我十分庆幸自己拥有了这一份科学知识。我是一个糖尿病患者,一段时间内血糖非常不稳定,打针又有过敏反应。我曾找过多名医生作诊断,不同的医生建议服用不同的药物,自己非常困扰。后来,我自己买来书籍,钻研糖尿病的基础知识,在医生的指导下形成了一套有针对性的糖尿病治疗和慢病管理方案,后来血糖一直比较稳定。我偶尔阅读美国知名心脏病专家埃里克·托普撰写的《未来医疗》,他在书中认为,未来的新型医疗模式就是要赋予患者更多的自主权,积极参与医疗管理,努力做到自己的健康自己做主。我常想,人类学家把现代人称为智人,每一个现代人都有一颗充满智慧的大脑。作为现代人,我们要锻炼身体,更要锻炼大脑,发挥自己大脑的聪明才智,善于学习、勤于思考,才能成就不凡的智慧人生。在一个知识大爆炸的时代,如果有幸做到与科学为伍,与新技术同行,一样能够走在时代的前列。

现在,科学与技术的发展日新月异,做一个热爱科学的现代人必须具有学习的精神。科学与技术的进步加快了人类知识更新的速度。据联合国教科文组织研究,在18世纪,知识更新的周期为80~90年;19世纪至20世纪初,缩短为30年;20世纪60~70年代,一般学科的知识更新周期为5~10年;20世纪80~90年代,许多学科的知识更新周期缩短为5年;进入21世纪以后,一些学科的知识更新周期甚至只有2~3年。知识更新的周期正在缩短,必须坚持持续学习,倡导终身学习。学习新的科学知识、新的技术技能,其实是一件十分快乐的事情。现代的科普书籍、科普影视大都描绘生动、意趣盎然,阅读和观赏都是一种惬意的享受。历史学家告诉我们,在1450年时,欧洲仅不足8%的人能够阅读,阅读曾是精英人士的特权。今天,我们倡导的是全民阅读。我喜欢观看中央电视台的《朗读者》节目,它对鼓励全民阅读非常有意义。但我总是感觉,《朗读者》选择的人文篇章比较多,选择的科学篇章比较少,而许多科学著作、科普著作一样充满了人文情怀,文字优美,故事生动,读起来朗朗上口,听上去扣人心扉,对提高全民科学素养也大有裨益。近几年来,我有幸参观了许多大科学项目和装置,包括蛟龙号载人潜水器、上海中能同步辐射光源、神威·太湖之光(无锡)超级计算机、中国(合肥)全超导托卡马克装置、北京正负电子对撞机、上海佘山天文台65米射电望远镜等。俗话说,百闻不如一见。这些参观与考察,使我增长了许多知识,开阔了科技视野,感觉十分精彩。

做一个热爱科学的现代人必须具有探索的精神。科学研究的过程本身就是一个探索未知领域的过程。进化论的创始人达尔文曾是一个富家子弟,但他大学毕业之后,毅然乘坐英国海军"小猎犬号"舰进行了5年的环绕世界科学考察航行,深入丛林、海岛观察植物与动物的生长规律,掌握第一手研究资料,终于写出了不朽的科学巨著《物种起源》。英国动物学家珍妮·古道尔没有上过大学,凭着一腔热情走进非洲的原始森林,为了观察黑猩猩的生活场景,度过了38年的野外生涯,写下了著名的《在人类的阴影下》一书,唤醒更多人来保护野生动物。达尔文和珍妮·古道尔都收获了成功,但他们当年的科学探索却并没有任何功利的目的。亚里士多德曾写道："古往今来人们开始哲理探索，都应起于对自然万物的惊讶。""他们探索哲理只是为想脱出愚蠢，显然，他们为求知而从事学术，并无任何实用的目的。"据说，古希腊数学家欧几里得曾有一个学生问他：学习几何学有什么用处？欧几里得非常不满地对仆人说：给这个学生三个钱币，快让他走，他居然想从几何学中捞取实利。欧几里得强调了学习几何学的非功利性。古希腊这种"为科学而科学"的精神正是我们今天所非常缺乏的。为"脱出愚蠢"而探索、为求真知而探索的精神就是十分可贵的科学精神。

做一个热爱科学的现代人必须具有实践的精神。我们经常说，实践出真知。近代科学的一个重要特点就是摒弃了中世纪经院哲学单纯依靠逻辑推理的思维方式，而将科学研究建立在实验和数学相结合的科学方法之上。从罗吉尔·培根到伽利略、笛卡儿乃至牛顿等，都十分重视科学实验和追求事物变化的数学关系，形成了十分优良的科学传统。这种优良的科学传统一直保留至今。世界闻名的诺贝尔自然科学奖始终遵循严格的实证原则，所奖励的科学成果都是经过比较彻底验证的科学贡献。爱因斯坦获得诺贝尔奖的原因是他发现了光电效应定律，而不是他的狭义或广义相对论。费米获得诺贝尔奖的原因是他发现了中子辐射产生的新放射元素以及慢中子产生的核反应，而不是他创立的粒子相互作用理论。今天，我们绝大多数人可能无法像达尔文一样去环绕世界做科学考察，像珍妮·古道尔一样去非洲原始森林观察黑猩猩，甚至无缘穿着白大褂在实验室里做各种有趣的科学实验，但我们一样可以在生活实践中体验科学与技术的无比美妙。在现代生活中，高新技术触手可及，万事万物都存在着科学的道理，就看我们如何去悉心体会。从我自己来讲，小时候喜欢摆弄矿石收音机，青年时代在农村务农时当过电工，参加工作后经常去南京珠江路学着装配计算机，这几年总喜欢尝试智能手机的各种流行 APP。我以为，古人说十指连心，心灵手巧，勤于实践，锻炼了手脚，也锻炼大脑。一个热爱科学的人，必定会对新生的事物、未知的世界充满了好奇，充满了激情，让自己的生活始终保持快乐与新鲜。

做一个热爱科学的现代人吧！善于学习，乐于探索，勤于实践，让自己的脚步始终跟上科学与技术发展的时代步伐，让自己的思绪永远对未知的世界保持一份童心般的纯真意趣，人生岂不是会更加精彩！

目　录

前沿科技热点学习笔记

viii

人工智能时代的物联网　085

智能医疗：从"达·芬奇"到"沃森"　092

人类离战胜癌症还有多远？　100

匪夷所思的量子物理　107

高能物理与粒子对撞机　114

打开"天眼"遥看浩瀚宇宙　122

人造太阳与人类终极能源　129

纳米技术开辟科技新天地　137

天才儿童与学龄前儿童的养育　144

中国人造肉的市场前景与产业策略　151

代餐食物：一场食物革命的盛宴　157

元宇宙概念的机遇与未来　163

在阅读中体验科学之美　169

后记　175

展望人类社会令人兴奋的未来

——美国畅销书《奇点临近》读后感

让我拥抱着你的梦，让我拥有你真心的面孔，让我们的笑容充满青春的骄傲，让我们期待明天会更好！

——歌曲《明天会更好》

这个世界上有许多预言家都在乐此不疲地预测着未来。预言家预测的未来大体分为两种情况：一种是比较乐观的未来，认为人类社会发展的前景是光明的，明天会比今天更美好；一种是比较悲观的未来，认为人类社会发展的前景是黯淡的，明天甚至比今天更糟糕。我是一个乐观主义者，认可人类未来充满挑战，相信人类终究能够战胜困难，赢得未来的可持续发展。

作为一个未来乐观派，我非常喜欢阅读乐观主义预言家预测未来的书籍。阅读这类书籍，既可以了解现代科学与技术发展的趋势，因为未来的发展总是与科学技术的进步联系在一起；也可以保持乐观开朗的生活态度与精神风貌，相信今天的问题都能够在明天找到圆满的答案。 在众多乐观主义的预言家中，我比较欣赏美国未来学家雷·库兹韦尔。 他的畅销书《奇点临近》是一部预测人工智能和科技未来的奇书，曾被评为美国最畅销非小说类图书、亚马逊最佳科学图书。 库兹韦尔是美国国家科技奖章获得者，被《华尔街日报》誉为"永不满足的天才""世界领先的发明家、思想家、预言家"等。 他的《奇点临近》写于 21 世纪之初，中文版问世已经是 2012 年了。 我当年拿到新书后曾一口气读完，并反复看了三遍。 这些年过去了，我仍时常把这本书拿出来翻翻，把当前科学技术发展的点滴进步与当年库兹韦尔的预言作比较，感受科学与技术的神奇变化。 《奇点临近》给人类未来描绘了一幅既令人兴奋、又匪夷所思的壮阔画卷。

奇点意味着什么？

奇点是一个专有名词，表示能够带来奇异影响的独特事件。 数学家用这个词表示一个超越了任何限制的值。 假设奇点是 Y，函数公式为 $Y=1/X$，X 的值趋近于零，则 Y 趋向于无限大。 天体物理学家用奇点表示宇宙大爆炸之前宇宙存在的一种形式，奇点具有无限大的物质密度、无限弯曲的时空和无限趋向于零的熵值，奇点导致了宇宙大爆炸的发生。 在大爆炸的那一刻，从奇点诞生了宏大尺度的宇宙。 总之，奇点具有十分神奇的力量！

今天又有何等重大的变故可以喻为新的奇点临近呢？ 这就是现代科学与技术的飞速发展。 库兹韦尔在书中强调了两个概念，"第一个概念说明了人类的发展正以指数级的速度增长（以一个常量重复相乘的速度）"；"第二个概念说明指数级增长的速度是多么令人震惊，开始的时候增长速度很慢，几乎不被察觉，但是一旦超越曲线的拐点，它便以爆炸性的速度增长"。 库兹韦尔是一个技术决定论者，他说的奇点是"技术奇点"，主要是指技术的飞速发展与巨大进步。 一般来说，科学是技术的因，技术是科学的果。技术更直接作用于人类社会的发展。科学与技术的这种"指数式"增长，给人类社会发展带来的影响必然是极其深远的，人类的生活和人类社会的发展将不可避免地发生深刻的改变。

毫无疑问，人类在进入工业文明社会以后，整个社会呈现加速发展的态势。工业制造水平的不断提高，使得人类的工具与技术持续进步，人类认识自然、改变自然的能力达到了前所未有的地步。早在20世纪50年代，被称为"计算机之父"的冯·诺伊曼就曾指出："技术正以其前所未有的速度增长……我们将朝着某种类似奇点的方向发展，一旦超越了这个奇点，我们现在熟知的人类社会将变得大不相同。"显然，库兹韦尔延续了冯·诺伊曼的思想，而且进行了更为系统的分析与总结。库兹韦尔在书中提出了一个技术进步理论，即加速回归定律。依照这个定律，技术的发展呈现指数式、革命性的特征。指数式是指技术发展的量变速度，革命性是指技术发展的质变性质，技术的加速量变终究会引起质变，一种"范式"代替另一种"范式"。在书中，库兹韦尔将整个人类文明进程划分为六大纪元，第一纪元是物理与化学的纪元，这是宇宙诞生的纪元；第二纪元是生物与脱氧核糖核酸（DNA）的纪元，这是生命诞生的纪元；第三纪元是大脑的纪元，这是人类诞生并进化的纪元；第四纪元是技术的纪元，这是我们现在的纪元，科学技术突飞猛进的纪元；我们即将进入第五纪元，即人类智能与人类技术结合的纪元，人类将在这个纪元突破生物的限制；第六纪元是宇宙觉醒的纪元。

在深刻解析人类文明进程和当代科学技术发展的趋势之后，库兹韦尔极大胆地预测：21世纪30年代，人类大脑信息上传成为可能；2045年，奇点来临，人工智能完全超越人类智能，人类历史将彻底改变。在这里，库兹韦尔恰如其分地引用了美国著名棒球运动员尤吉·贝尔的一句话："未来并不像它过去那样发展。"

奇点将如何来临？

任何对未来的科学预测都是以现实的发展为依据的。库兹韦尔认为技术发展将呈现指数式增长，人工智能完全超越人类智能，现实的依据在哪里呢？库兹韦尔毕业于麻省理工学院计算机专业，堪称计算机方面的专家，对计算机的发展历程非常熟悉。他认为，尽管这些年计算机技术有了巨大进步，但要将电脑与人脑的运算能力作比较，仍有所不及。实验表明，大脑的运算能力大约在每秒 10^{15} 计算次数，而现在个人电脑的运算能力大约在每秒 10^9 计算次数，电脑的运算能力仍须有大的提高；更为重要的是人脑具有近乎完美的学习能力，能够随着知识的积累和经验的增长，不断提高自己的智慧。而现在，电脑的自我学习能力仍十分有限，尽管这些年发展了计算机深度学习技术，但仍是依据人类设定的算法进行学习，人工智能尚不具备优化算法甚至创新算法的能力。库兹韦尔认为，人工智能要超越人类智能，必须高度重视三个方面的技术进步，即基因技术（G）、纳米技术（N）、机器人技术（R）。他认为，"21 世纪的前半叶将被描绘成三种重叠进行的革命"，即 GNR 的革命。

基因技术反映了信息与生物世界的交融。现代科学把生命的过程看作一段设定的程序。所有生命的奇迹和疾病（内源性疾病）痛苦的背后都蕴含着信息的处理过程。人类的整个基因组是一段有序的信息代码，大约包含了 8 亿字节的数据信息。它使得每一个人从一个细胞卵，生长发育，演化成人，繁殖后代，并最终走向死亡。我们已经完成了基因代码的破译工作，但我们尚不能完全自由地重组基因代码。如果我们能够完全自由地重组基因代码，改变人类的生命程序，我们就能最终战胜疾病、战胜死亡！

纳米技术反映了信息与物理世界的交汇。纳米技术能够提供重建物理世界和生命世界的工具。纳米技术使得计算机的运算能力不断提高，苹果公司新推出的"A12＋"手机芯片采用了 7 纳米的技术，在数平方厘米的面积上集成了 100 亿个晶体管。 未来的计算机将采用纳米管技术，发展量子计算机、光子计算机、DNA 计算机及三维分子计算机等新兴计算技术，最终超越人脑的运算能力。 纳米技术也将运用于生命科学，采用纳米技术制造的纳米机器人将进入人体的血管，帮助人类修正 DNA 的错误、清除人体内的毒素、修复细胞薄膜、改善动脉硬化等，最终逆转人类的衰老过程。

机器人技术反映了生物智能与非生物智能的结合。 库兹韦尔强调，在 GNR 三个主要的、根本性的奇点革命中，最深刻的是机器人技术，它所涉及的非生物智能的创造超过了非增强性的人类。 他这里说的机器人技术涵盖了人工智能技术。 那么，为什么人工智能能够超越人类智能呢？ 这是因为人脑的进化与电脑的进步相比显得极其缓慢。 尽管人类的知识是全人类共同积累的结果，但对每一个人来说，取决于个体的智力及学习的能力。 而以人工智能为代表的机器进步飞速，互联网技术汇聚了全球的信息资源，计算机具有不断扩展的存储空间，能够无休止地高速执行任务等，这些都是人脑所无法比拟的。 人工智能需要解决的主要是自我学习和自我完善的本领。 这一点上，我们必须向人的大脑学习，探明人的大脑的奥秘。 动物的大脑是一个十分神秘的领地。 19 世纪末，科学家发现当他们往动物血液中注入蓝色染料时，除了脊髓和大脑，动物所有的器官都变成了蓝色。 现代医学研究表明，大脑有一个十分复杂的保护性屏障，即血脑屏障。 为了突破血脑屏障，科学家们提出了"大脑的逆向工程"，扫描大脑，建大脑模型，彻底解析大脑的奥秘。 这些年，美国和欧洲都制定了雄心勃勃的"大脑计划"，希望与人类基因组计划一样，通过若干年的努力，绘制出完整的大脑活动图。 库兹韦尔认为，我们正处于一个"临界点"，"当人们理解了人类智能运转的原理之后"，生物智能与非生物智能紧密联合，人工智能的能力将极大释放，奇点必将来临！

奇点后的人类社会

根据库兹韦尔的预言，2045 年奇点将临，人工智能完全超越人类智能，整个人类社会将彻底得到改变。而按照许多人的想法，人工智能超越人类智慧，可能不一定是人类的最终胜利，而很可能是人类溃败的开始。且不说强大的人工智能会不会消灭人类，人类至少似乎难以逃脱被淘汰的命运，连撰写《未来简史》的以色列历史学教授尤瓦尔也认为，在未来社会，99％的人会沦为无用的人。但是，库兹韦尔的想法没有简单停留在人工智能与人类智慧的对立方面，他认为人类将在技术进步的引领下实现自我生命的新升华。

在库兹韦尔看来，基因技术、纳米技术、人工智能的革命相互交织，给人类生命带来了一次全面更新的机会。他将人类现有的人体比作 1.0 版，在新技术革命的推动下，将使人类"脆弱的人体 1.0 版转变为更持久、更有能力的 2.0 版"。人体的 2.0 版将使人的"肉体和精神得到彻底升级"，包括"重新设计消化系统"、"可编程血液"、微型燃料电池代替的心脏、重新设计的大脑等，人类逐步从生物状态向生物与非生物结合状态转化。在人体的 2.0 版之后是人体的 3.0 版，库兹韦尔认为人体的 3.0 版或许能存在于现实的世界，也许能存在于虚拟现实的世界。到了这个阶段，人与非人的界线已经非常模糊，生命的意义就是一段包含着个人经历和性格特征、充满思想与情感的信息，这个信息可以脱离人的生物或非生物的躯体，像所有的信息一样永久保存。从这个意义上讲，人能够得到永生，在现实的或虚拟的世界里永生，生命成为了永恒！

库兹韦尔在书中描绘，在更遥远的未来，人类智慧与人工智能相融合，人类智慧与人工智能共同创造的人类文明将逐渐向地球、太阳系以外扩张，最终以"超光速的能力"向整个宇宙注入"创造力和智能"，这些创造力和智能将渗透到全宇宙，并最终决定宇宙的命运，这就是人类的第六纪元，宇宙觉醒的纪元。这些匪夷所思的想法，让许多人感到不可思议、不敢认同。 但是，今天科技创造的一切又岂是过去 30 年、50 年前人们所能想象的吗？ 世界总是在出人意料地前进。 从现在到 2045 年，还有 26 年，不到 1 万天的时间，相信现在世界上的许多人都能等到奇迹降临的那一刻！

未来世界究竟如何？ 我们且行且看。 《奇点临近》中描绘的技术革命却给我们印象深刻的启示，新的技术革命正在波澜壮阔地展开，基因技术、纳米技术、人工智能极有可能成为开启未来大门的金钥匙，我们每一个人都有幸能够拥有这样一把金钥匙吗？

科学与技术推动人类社会发展

> 科学精神源于希腊自由的人性理想。科学精神
> 就是理性精神，就是自由精神。
>
> ——吴国盛《什么是科学》

　　人类社会的发展，经历了从工具到技术、从技术到科学漫长的发展过程。大约 700 万年前，人类的祖先从森林古猿中分离出来，第一个标志性的举动就是站立了起来。直立起来的古人类，解放了双手，高昂起头颅，视野更加开阔，对这个世界开始有了最初的认知。大约 300 万年前，人类学会了制作石器工具。早期的石器工具十分粗糙，但也包含了原始的技艺和文化欣赏。这些石器工具主要用于狩猎和加工食物等，原始社会是石器文明的时代。大约 1 万年前，人类进入了农业社会。农业社会创造了文字和城市，人类对自然和世界进行了初

步的探索，技术作为生产和生活中积累的各种知识、经验、技巧的结晶得到了充分发展，尤其是各种手工技艺达到了历史的巅峰，农业社会是技术文明的时代。

大约在 300 多年前，工业革命兴起。 工业革命以大机器生产为标志，不仅改变了人类的生产方式，也改变了人类的思想观念、知识结构和社会形态，科学作为描绘自然知识的完整体系从哲学中独立出来，开始隆重登上了人类历史的舞台。 近现代社会以来，科学与技术紧密结合，科学提供了知识物化的可能，技术提供了知识物化的现实，科学之中有技术，技术之中也有科学，科学与技术相互促进，共同进步与发展，深刻地影响与改变着人类社会。 从某种意义上说，工业社会是科学文明的时代。 科学与技术成为推动人类社会发展的力量源泉。

古代自然哲学与近代科学发展

美索不达米亚、古埃及、中国、古印度是世界四大文明发源地，人类在古老文明的孕育过程中，很早就开始了对自然的探索，这些探索的思想成果保留在他们古老的宗教和神话传说之中，成为人类科学文化的最初萌芽。

最早将自然作为知识体系进行研究的是古希腊。 从公元前 500 年左右，古希腊出现了一大批才智卓越的哲学家。 在古希腊，科学曾是哲学的一部分，称为自然哲学。 古希腊的第一位自然哲学家是泰勒斯，他有一句名言"万物源于水"。 泰勒斯追究世界的本原，这是哲学思维的开始，也是科学对待自然的一个重要原则。 泰勒斯创立了米利都学派，米利都学派以水、无限定、气为世界的本原。 爱非斯学派的赫拉克利特认为世界万物的本原是永恒的，世界是按规律燃烧、按规律熄灭的一团火。 数学家毕达哥拉斯创立了毕达哥拉斯学派，主要从事数学研究。 古希腊的数学包括了算术、几何、天文学和音乐。毕达哥拉斯认为"数即万物"，还提出了地球和天球的概念，奠定了古希腊天文学的基础。 哲学家留基伯、德谟克里特提出了科学史上著名的原子论，认为物质不断分割之后，最终不可分割的物质是原子。希波克拉底被称为医学之父，著有医学文集，首创了著名的希波克拉底誓言，告诫每一位医生都要保持职业的神圣性。 哲学家苏格拉底注重研究人类本身，但他对几何数学也有研究。 苏格拉底的学生柏拉图是伟大的思想家，一样对数学十分感兴趣。 柏拉图的学生亚里士多德是一位百科全书式的科学家，他研究的领域涉及伦理学、逻辑学、形而上学、经济学、政治学、修辞学、神学、教育学、天文学、自然科学等，著述十分丰富。 从公元前 336 年开始，随着亚历山大帝国的建立，地中海东部进入了希腊化时期。 在埃及建立的亚历山大里亚城市，产生了许多古代杰出的科学家。 数学家欧几里得的主要研究成果是几何数学，撰写了著名的《几何原本》，奠定了古典几何学的基础。科学巨匠阿基米德是力学、流体力学的奠基人，发现了杠杆、浮力、滑轮和螺旋机械原理。 他有一句名言：给我一个支点，我可以撬动整个地球。 天文学家托勒密总结了希腊天文学的优秀成果，写出了流传千古的 13 卷《天文学大成》。 公元前 146 年，罗马战胜迦太基，地中海地区进入罗马时代。 古罗马重视法律和军事的研究，总体对自然科学缺乏兴趣，但也涌现了一批著名的学者。 医学家盖伦的医学理论建立在他的大量解剖和临床经验的基础之上，发展了传统的体液平衡学说。 维特鲁威的《论建筑》被称为建筑学的百科全书。 普林尼的《自然史》是对古代自然知识的总结。 卡图的《论农业》、瓦罗的《农业论》都是著名的农业著作。

西罗马帝国灭亡后，欧洲进入了暗淡无光的中世纪。 从公元 610 年开始，伊斯兰教兴起。 到 8 世纪中叶，经济繁荣、文化发达的阿拉伯帝国建立。 阿拉伯人继承了古希腊的科学遗产，大量地翻译古希腊的科学著作，在炼金术（作为化学的先驱）、代数、光学、天文学等方面都有独特的贡献。 阿拉伯科学的辉煌延续至 12 世纪。 在世界东方的中国，从盛唐（公元 7 世纪）到明末（17 世纪）的一千多年时间里，政治、经济相对稳定，形成了独特的科学技术体系。 其中，农业、医学、天文、算术四大学科和陶瓷、丝织、建筑三大技术成为中国古代人智慧的结晶，造纸术、印刷术、火药和指南针则是中国人对近代世界文明的卓越贡献。

欧洲中世纪后期，封建制度逐步解体，资本主义日益兴起，文艺复兴、宗教改革、地理大发现推动了社会变革。近代科学就诞生在这样一个发生巨大变革的时代。1539 年，哥白尼写出了天文史上的伟大著作《天球运行论》，系统论述了日心地动学说。"日心说"打破了"地心说"的传统束缚，拉开了近代科学的序幕。在哥白尼之后，第谷的天文观测数据、开普勒发现的行星三大定律和伽利略的《关于托勒密和哥白尼两大世界体系的对话》等著作，都有力地支持了"日心说"。伽利略不仅是一位天文学家，也是一位数学家、物理学家，他发明了天文望远镜和摆针、温度计等，总结出了自由落体定律、惯性定律和伽利略相对性原理，是近代实验科学的奠基人之一。1543 年，在哥白尼出版《天球运行论》的同一年，医学家维萨留斯出版了他的《人体结构》一书，奠定了近代解剖学的基础。1628 年，医学家哈维出版了《心血运动论》，阐述了血液循环理论。1686 年，牛顿发表了他的伟大著作《自然哲学的数学原理》。牛顿是有史以来最伟大的天才，在数学上发明了微积分，在天文学上发现了万有引力，在力学上总结了三大运动定律，在光学上发现了太阳光的光谱，还发明了反射式望远镜。近代科学的进步促进了科学社团和天文台等的发展。意大利建立了林琴学院、齐曼托学院，英国建立了皇家学会和格林尼治天文台，法国建立了巴黎科学院和巴黎天文台，德国建立了柏林科学院等，一个伟大的科学时代正在悄然来临。

世界上的三次工业技术革命

18 世纪下半叶，工业革命在英国发生。工业革命最重要的标志是机器大工业代替了传统的手工业，建立了现代工厂制度。工业革命极大地提高了劳动生产效率，在世界范围内轰轰烈烈地掀起了三次大规模的工业化浪潮。工业革命得益于工业技术的发展，三次工业化浪潮的实质是三次工业技术革命。

第一次工业化浪潮的策源地在英国，最早发生工业技术革命的是英国的棉纺织业。 1733 年，兰开夏郡的织工和机械工约翰·凯伊发明了飞梭，使得织布的工效提高了两倍。 1764 年，兰开夏郡一个名叫詹姆斯·哈格里夫斯的织工，发明了将纱锭竖立排列起来用一个轮子带动的纺纱机，他用妻子的名字命名这部新的机器，叫作"珍妮纺纱机"。 随着棉纺织生产的机器化，净棉机、轧棉机、梳棉机、印花机等陆续出现，棉纺织业完全进入了机器时代。 英国工业革命最具有标志性的发明是蒸汽机的出现，蒸汽机带来了真正意义上的工业革命。 1769 年，苏格兰发明家詹姆斯·瓦特完成了他的第一台蒸汽机。 瓦特不断改良蒸汽机，新的蒸汽机逐渐能够适用于各种机械运动。 自此之后，在棉纺织业、毛纺织业、采矿业、冶金业、造纸业、印刷业以及交通运输业等都先后采用蒸汽机作为动力，蒸汽机的轰鸣声响彻了欧洲大地，由此开启了一个全新的蒸汽机的时代。 英国的工业革命很快在欧洲大陆扩散，在世界上掀起了第一次大规模的工业化浪潮。

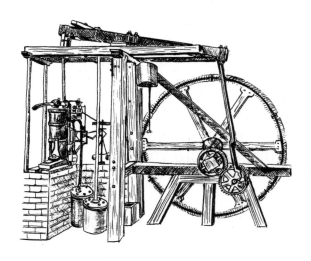

瓦特蒸汽机示意图

　　第二次工业化浪潮大体发生在 19 世纪下半叶和 20 世纪中叶，以新能源的利用、新机器的制造和远距离传递信息等方面的成就，形成了第二次工业技术革命。 1867 年，德国电工维尔纳·西门子发明了自激直流电机。 1869 年，比利时发明家齐纳布·格拉姆发明了直流发电机。 1882 年，法国电气技师马赛尔·德普勒在慕尼黑技术博览会上成功进行了远距离输电试验。 1891 年，德国劳芬电厂安装了世界上第一台三相交流发电机，建成了第一条三相交流送电线路。 与此同时，石油能源开发和内燃机研制也十分迅速。 1859 年，世界上第一口油井在美国宾夕法尼亚州开钻。 1872 年，俄国在巴库建设了世界上第一座炼油厂，开创了石油能源的新纪元。 1876 年，德国人尼拉克·奥托制造了以煤气为燃料的内燃机。 1897 年，德国人鲁道夫·狄塞尔研制成功用柴油作为燃料的内燃机。 内燃机在工业和交通运输中得到了广泛的运用。 1886 年，德国企业家卡尔·本茨研制成功单缸汽油发动机，制成了世界上第一辆三轮汽车。 1903 年，美国发明家威尔伯·莱特和奥维尔·莱特俩兄弟在双翼滑翔机上安装了汽油发动机和螺旋桨，成为了发明飞机的第一人。 电力工业、石油工业和机器制造业的发展推动了冶金工业、化工工业的技术进步。 首先是炼钢技术的改进。 从1856 年到 1875 年，"贝塞默法""马丁炉""托马斯法"三大炼钢技术的发明，构成了近代钢铁生产的技术体系。 化学工业在这一时期也获得了重大进步。 整个 19 世纪，化工生产的基本原料"三酸"（硫酸、硝酸、盐酸）和"两碱"（纯碱、烧碱）在生产方法上都有很大的进步。 化学领域的众多发明促进了化工工业的迅速发展。 19 世纪上半叶，无线电技术的发展为电信业的兴起奠定了基础。 1837 年，美国发明家塞缪尔·莫尔斯制成了电磁式有线电报机。 他还用点和线代表字母、数字、标点符号，发明了莫尔斯电码。 1876 年，美籍发明家亚历山大·贝尔发明了电话机。 1895 年，意大利无线电工程师伽利尔摩·马可尼和俄国物理学家波波夫分别发明了无线电接收机。 电话、电报的发明，为人类走向信息时代迈出了最初的步伐。

莱特兄弟的飞机

第三次工业化浪潮最初发生在 20 世纪六七十年代。 在此之前，世界刚刚经历了第二次世界大战。 世界大战以后，许多高端的军事技术逐步投向民用，推动了计算机、核能、宇航三大技术为代表的新技术革命的兴起。 1946年，由美国军方定制的第一台"电子数字积分计算机"在美国宾夕法尼亚大学问世，标志着计算机时代的来临。 从第一代电子真空管计算机到第四代超大规模集成电路计算机，计算机的运算能力不断提高。 人类社会的发展离不开先进能源的利用，原子能的开发形成了人类最伟大的能源革命。 1941年，美籍意大利物理学家恩利克·费米领导的小组在美国芝加哥大学建成了第一台可控核反应堆，人类迈入了原子能时代。 1945年7月16日，世界上第一颗铀原子弹在美国西部沙漠地区试爆成功。 同年8月6日、9日，美军飞机分别在日本广岛、长崎投掷了两颗铀原子弹，人类第一次将原子弹用于战争。 此后，苏联、英国、法国和中国等先后成功进行了原子弹、氢弹实验。 在研制原子弹的过程中，各国都先后建立原子反应堆，为和平利用原子能开辟道路。 据世界核能协会数据，至2015年，全世界正在运行的核电反应堆有439座，核发电能力约占世界发电总量的11.5%。 第二次世界大战促进了航空事业发展。 1939年，德国首先研制成功喷气式飞机。 1949年，英国德·哈维兰公司研制出第一架喷气式客机。 1957年，苏联研制成功第一代喷气式客机图-104。 1958年，美国波音707客机开始交付使用。 1972年，欧洲空中客车公司的A300宽体客机投入生产，民用航空技术不断取得新的进步。 新技术革命在航天技术方面也取得了惊人的发展。 1957年10月4日，苏联成功地将世界上第一颗人造地球卫星送上太空，开创了空间时代的新纪元。 1961年4月12日，苏联宇航员尤里·加加林首次乘飞船"东方1号"绕地球一周。 1969年7月21日，美国"阿波罗11号"宇宙

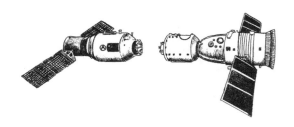

中国天宫一号示意图

飞船登月成功，宇航员尼尔·奥尔登·阿姆斯特朗在月球上留下了人类的第一个脚印。 这些年来，美国、欧洲宇航局及俄罗斯联邦航天局等发射了多个太空探测器，用来探测地球与月球之间的空间、金星、火星、木星、土星及其行星际空间。 2011 年 9 月 29 日，中国成功发射"天宫一号"小型实验性空间站。 航空航天业的发展，在许多方面代表了世界现代工业技术发展的最高水平。

现代科学技术突飞猛进的发展

18 世纪，在欧洲发生了英国的工业革命和法国的启蒙运动，两场波澜壮阔的大革命造就了现代科学技术的顽强崛起。 在英国发生的工业革命促使工业技术持续发展，在法国发生的启蒙运动使得科学精神广为传播。 人们追求理性，崇尚科学与民主，科学与技术成为了推动人类社会发展的决定性力量。

在 18 世纪下半叶，物理、化学、生物三大学科都实现了系统化发展。 在物理学领域，电学和热力学取得了突破性发展。 1785 年，法国物理学家库仑用自己发明的扭秤测定了带电小球之间的作用力，提出了库仑定律。 1820 年，法国物理学家安培通过奥斯特实验发现了电流在磁场中的运动规律，提出了右手螺旋定律，即安培定律。 1826 年，德国物理学家欧姆利用温差电池和电磁扭秤进行金属的导电实验，提出了欧姆定律。 1831 年，英国物理学家迈克尔·法拉第在实验中发现了电磁感应现象，提出了电磁感应定律。 1864 年，英国物理学家麦克斯韦发表了《电磁场的动力学理论》，将库仑定律、安培定律和法拉第电磁感应定律综合在一起，创立了电磁理论，实现了电与磁的统一。 1886 年，德国物理学家赫兹通过放电实验证实了电磁波的存在，把电磁学与光学统一在了一起。 1824 年，法国工程师卡诺在研究蒸汽机的热效率时建立了热力学。 1840 年，英国物理学家焦耳测量电流通过电阻线时所产生的热量，得出了焦耳定律。 焦耳定律为发现普遍的能量守恒与转化打下了基础。 1847 年，德国物理学家赫尔姆霍兹发表《论力的守恒》，第一次严密阐述了能量守恒原理，称之为热力学第一定律。 1851 年，英国物理学家汤姆逊发表《论热的动力理论》，提出了热力第一定律和第二定律的概念。 1854 年，德国物理学家克劳修斯发表《论热的机械理论的第二原理的另一形式》，给出了热力学第二定律的数学表达式。 他还提出了"熵"的概念。 在化学领域，1808 年，英国化学家道尔顿出版了《化学哲学的新体系》，系统阐述了他的化学原子论。 1869 年，俄国化学家门捷列夫发表了他关于元素周期性质的研究，并给出了第一张元素周期表。 1877 年，奥地利物理学家玻尔兹曼提出，所谓热力学系统的"熵"，就是分子排列的混乱程度。 在热力学中引入分子运动论，统一了牛顿力学和热力学。 生物学是一个庞大的学科群。 1735 年，瑞典生物学家林奈出版《自然系统》，把植物分为纲、目、属、种等，创立了生物分类学。 1809 年，法国博学家拉马克出版了《动物学哲学》，较早提出了生物进化理论。 1859 年 11 月，英国生物学家达尔文出版了科学巨著《物种起源》。

19 世纪，力学、热学、电磁学都建立了完整的理论体系，形成了经典物理学。 而 19 世纪末，物理学家的一些新发现，给经典物理学带来了新的挑战。 1895 年 11 月，德国维尔茨堡大学的伦琴教授在做电子管放电实验时，发现了 X 射线。 1898 年，法国物理学家居里夫人发现了钋具有天然放射性，后来又发现了镭。 英国物理学家汤姆孙在实验中发现了带电荷的粒子。 1897 年 8 月，汤姆孙发表了《论阴极射线》的论文，标志着电子的发现。 电子的发现，打破了原子不可分的观念，建立了原子物理学。 1900 年 12 月 14 日，德国物理学家普朗克在德国物理学会会议上宣读论文《关于正常光谱的能量分布》，论文提出了"能量子"的假说。 这一天被看作量子理论的诞生日。 1905 年 5 月，犹太裔物理学家爱因斯坦发表了著名论文《论动体的电动力学》，在论文中阐述了狭义相对论的原理。 1913 年，丹麦物理学家玻尔发表论文《论原子结构和分子结构》，将量子思想引入到原子结构、分子结构之中，使量子理论取得了重大进展。 1916 年 3 月，爱因斯坦又发表论文《广义相对论的基础》，提出了广义相对论的理论。 从 1925 年开始，德国物理学家海森伯发表了多篇论文，以矩阵形式表示量子力学。 1926 年，奥地利物理学家薛定谔陆续发表了《量子化就是本征值问题》等四篇论文，创立了量子力学的另一种表达形式——波动力学。 19 世纪末、20 世纪初，相对论和量子力学的诞生标志着物理学从经典物理学进入了现代物理学的新时代，为现代科学与技术的发展作了充分的理论准备。

20 世纪下半叶，世界出现了持续的和平，科学技术呈现了加快发展的趋势。 1948 年前后，俄裔美籍物理学家伽莫夫在哈勃观测星系红移现象的基础上提出了宇宙大爆炸的理论。 1953 年，美国生物学家沃森和英国生物学家克里克发现了 DNA 分子的双螺旋模型。 1955 年，美国一批年轻的计算机学者聚集在达特茅斯学院，第一次提出了"人工智能"（AI）的概念。 1964 年，天文学家彭齐亚斯和威尔逊发现了宇宙微波背景辐射，有力地支持了宇宙大爆炸理论。 在同一年，美国物理学家盖尔曼提出了基本粒子结构的"夸克模型"。 1965 年，加拿大地球物理学家威尔逊在大陆漂移说和海洋扩张说的基础上提出了地球板块学说。 1969 年，美国国防部研究计划署的阿帕网投入使用。阿帕网逐步发展成遍布全球的互联网，人类社会进入网络信息时代，为科学与技术的发展插上了腾飞的翅膀。

近现代以来，科学与技术的迅猛发展加深了人们对现实世界的认识，推动了人类社会的进步，更为可贵的是培育了宝贵的科学精神。这种科学精神包括了自由探索的精神、质疑批判的精神、追求真理的精神。 科学精神将鼓舞和激励科学与技术的永续发展。 科学精神与人文精神一起，将成为人类的巨大精神支柱，指引人类社会前行的步伐。

回顾科学与技术发展的大体历程，数千年来，人类不断探索，追求真理，传播知识，许多科学先贤做了艰苦卓绝的工作，甚至奉献了生命，仿佛就是一部伟大的英雄史诗。 我们相信，人类追求真理的步伐永远不会停止，科学与技术的进步永无止境，科学与技术的发展始终是解决人类社会一切问题的金钥匙。

宇宙、生命及人类起源

> 我们每一个人都是没有受到邀请而偶然来到地球的。但是对于我来说，这个世界的秘密之多足以使我感到惊叹和诧异。
>
> ——爱因斯坦（德国科学家）

人类始终充满了好奇心。我们从哪里来？我们又要往哪里去？人类从来没有停止过思考与探索。显而易见，我们的答案要从宇宙说起，有了宇宙，才有时间、空间、物质、星球、生命以及我们所知道的一切。生命的出现就是宇宙的一个奇迹，宇宙演化亿万年孕育出了生命。有了生命以后，宇宙才有色彩、才有勃勃生机、才有了多姿多彩的未来。地球生命又经过了亿万年的生物进化，出现了高等的哺乳类、灵长类动物，最终诞生了人类。地球上有亿万生灵，自从有了人类及人类社会以后，才有智慧、才有文明、才有科学与技术、才有了无限的可能与希望。

现代人属智人种，富有智慧，勤于思考。 从远古时代开始，人类就曾叩问宇宙、生命、人类的奥秘，创造了众多极富想象力的神话和宗教故事。 现代科学与技术的飞速发展，使人类有了科学的理论，先进的技术，日益强大的工具，对宇宙的起源、生命的起源、人类的起源有了更多的认知与理解。 但是，我们仍远不能说我们掌握了宇宙之间全部的奥秘，我们仅是在探索的路上取得了一些成果。 科学家们对有些问题达成了共识，有些问题还没有达成共识。 探索宇宙间各种奥秘的道路崎岖而又漫长，我们只是在路旁采撷一些小花，以欣赏她们的美丽与芬芳。

宇宙的演变

今天世界的一切以宇宙的创始为起点。 现在，经过众多天文学家、物理学家们的共同努力，宇宙的诞生、形成和发展被描述为宇宙大爆炸的结果，创建了宇宙大爆炸理论。 在宇宙大爆炸理论的创建过程中，爱因斯坦的广义相对论、哈勃观测到的宇宙膨胀现象、弗里德曼和勒梅特、伽莫夫等天文学家、物理学家的宇宙大爆炸思想都发挥了重要作用。

按照宇宙大爆炸理论的描述，宇宙大爆炸大约发生在 138.2 亿年前，宇宙大爆炸的原爆点被称为奇点，这是一个密度无限大、时空曲率无限大、温度无限高且又十分微小的"点"。 宇宙大爆炸的发生，导致了时间、空间、能量和物质的诞生。 宇宙大爆炸的初始温度极高，一般认为可以达到万亿摄氏度以上。 在宇宙大爆炸的高温之中，能量和物质相互转化。 在大爆炸发生的十万分之一秒，宇宙开始降温，夸克（人类已知的最小物质）开始以每三个为一组进行凝聚，引力被分离出来，强核力、电磁力、弱核力仍统一在一起，称之为"大统一"时期。 宇宙短暂停留在亚稳真空态，释放的能量导致产生大量粒子，使得宇宙发生急速爆胀。 爆胀促使宇宙温度持续下降，宇宙进入强子、轻子时期，形成了光子、中微子、电子、质子和中子等。 这时的宇宙是一个基本粒子的世界。 基本粒子相互作用，使得强核力、电磁力、弱核力逐渐分离出来。 在宇宙大爆炸发生之后的约3分46秒，中子和质子开始聚合，形成氦和氢原子核，这是宇宙最初的核合成期，也构成了宇宙最初的物质。 至此，宇宙能量转化为物质的反应基本停止，宇宙业已诞生。 因此宇宙学界普遍有"三分钟创造宇宙"之说。

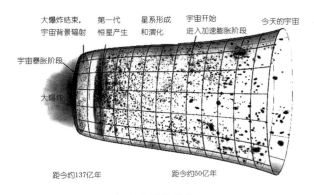

宇宙大爆炸模型

初生的宇宙充斥高能辐射，原生的氢核和氦核均匀布满了太空，光的波长被拉伸至微波范围，这是宇宙的"黑暗时期"。 30万年之后，宇宙温度持续下降，宇宙中的高能辐射逐渐冷却变成微波辐射背景，被电子搅乱的光线逐步恢复，宇宙开始变得清晰而明朗。 电子与原子核结合成中性的原子，由氢原子和氦原子构成的原始星云布满了宇宙，这时宇宙的主要成分为气态物质。 在30万年至10亿年之间，原始星云在引力的作用下向中心聚集，星云中的氢原子和氦原子碰撞摩擦，发生核聚变，产生了最初的恒星。 初生的恒星照亮了宇宙的星空。 在10亿年至120亿年间，新的恒星不断诞生。 质量较小的恒星在能量耗尽之后变成红巨星、白矮星；质量巨大的恒星在能量耗尽之后或发生核心内爆变成为超新星，或形成了巨大的黑洞。 超新星是宇宙的一个大熔炉，制造出许多新的元素。 超新星爆炸后散落的气态物质，又与星云结合产生新的恒星。 巨大的恒星吸引行星、卫星及星际物质等形成星系。 这时的宇宙活动着各种星系、类星体、星系际云，甚至还存在着至今仍不知晓的暗物质、暗能量等，这是宇宙星系变化十分活跃的一个时期。 在120亿年至138亿年间，宇宙持续膨胀，温度持续下降，宇宙间的星系活动进入了一个相对稳定的时期。

茫茫宇宙是星星的海洋，星星的海洋中有着一些星星组成的岛屿，天文学家称之为星系。 星系是指无数恒星系和星际物质等组成的运行系统。 当代天文观测到的星系大约有10亿个，估计整个宇宙星系总数在千亿以上。 我们所在的星系是银河系。 人们习惯把银河系以外的星系称为河外星系。 银河系是太阳系所在的星系。 银河系包括约有2000亿颗恒星和大量的星团、星云，还有各种类型的星际气体、星际尘埃。银河系直径约为10万光年，中心厚度约为1.2万光年。 银河系具有巨大的盘面结构，中间有1个银心和4条旋臂。 银河系是一个古老的星系，星系中央恒星的年龄为134～136亿年，差不多与宇宙同龄，星系外围恒星的年龄稍轻。

银河系结构图

太阳是银河系的一颗恒星，位于银河一个称为猎户臂的支臂上，与银河中心的距离约为2.6万光年。 根据星云假说理论，太阳作为恒星是由大约46亿年前的一颗超新星爆炸残骸与周围的星云塌缩而成的。 太阳形成后的其他残余物质和星云构成了太阳系的行星、卫星等。 太阳系有8大行星、173颗卫星。 8大行星分别是水星、金星、地球、火星、木星、土星、天王星和海王星。 根据天文计算，太阳处于恒星演化的中期，大约将在50亿年后耗尽核聚变的氢与氦等物质，变成一颗巨大而明亮的红巨星。

地球是离太阳由近及远的第三颗行星。 地球与太阳系的水星、金星、火星一样属于岩基行星，而其他如木星、土星、天王星、海王星属于气态行星。 地球起源于近45.6亿年前的原始太阳星云。 地球有一颗月球卫星，构成了地月系统。 地球离太阳1.47亿～1.52亿千米，绕太阳一圈为一年，自转一周为一天。 地球形成初期为一个炽热的火球，随着时间推移，温度逐渐下降。 地球维持着物质与能量的平衡，逐步演化成一个具有生命活力的星球。

根据天文观测，宇宙仍在膨胀。 据天文学家们的推测，宇宙的未来，或有三种结果：一是宇宙一直膨胀，能量耗尽的宇宙走向沉寂；二是宇宙膨胀到一定时点达成一种平衡，宇宙维持现有的状态；三是宇宙的膨胀有一个终点，引力导致宇宙再次收缩，重复宇宙演化周而复始的历程。

生命的起源

迄今为止，地球是宇宙间人类所知唯一具有生命活动现象的星球。 地球生命的起源是一段充满传奇的故事。

地球大约形成在 45.6 亿年前，形成时的地球是一个熔融状态的火球。 随着时间的推移，地球逐渐冷却。 约在 39 亿年前，熔融状态的地幔上形成了一层薄薄的地壳岩石，地球进入了地质年代。 如今，地球上确定最古老的岩石出自格陵兰岛，距今约 38 亿年。 当时的地球，到处火山爆发，岩浆喷涌，陨石撞击，电闪雷鸣，暴风雨肆虐，地壳的裂缝中喷出含有水蒸气、氮、甲烷、硫化氢和二氧化碳等的气体，地壳的低洼处形成了原始海洋，史称"大喷发"时期。

这时的地球环境十分恶劣，却是生命起源的理想摇篮。 人们在 35 亿年前的古老地层中发现了细菌群的化石，由此推断地球生命的起源时间应在 38 亿年至 35 亿年前，最早产生的地球生命为原核生物。 原核生物没有细胞膜和细胞核，但具有细胞器，能够进行新陈代谢和裂变繁殖，具备了原始生命的基本功能。 但人们至今仍未从地球上找到38 亿年至 35 亿年前的化石，也无从知晓这些古老细胞的实际构造。现代研究认为，正是原始地球的高温和各种物质的化学反应促使了原始生命的诞生。 生物学家认为，水是一切生命的源泉。 关于地球生命的起源场所，历来有海洋起源说、陆地起源说、大气层起源说、深海烟囱起源说及宇宙起源说等。 著名生物学家达尔文相信生命起源于陆地，他在给一位友人的信中提及"在某个温暖的小池塘中，化合成蛋白质所需的氨和磷盐、光、热、电等都具备"，形成第一个生命体诞生的所有条件，这就是非常著名的"温暖小池塘"假说。 美国芝加哥大学研究生米勒在导师指导下用玻璃器皿模拟原始地球的还原性大气环境，生成了多种氨基酸等有机物，说明了原始地球环境创生生命的可能性，这就是著名的"米勒实验"。 苏联生物学家奥巴林著有《地球上生命的起源》《生命起源与进化》等，他认为生命来自原始海洋，生命起源分为三个阶段：第一个阶段是从无机小分子到有机小分子；第二阶段是从有机小分子到有机大分子；第三阶段是从有机大分子到多分子"原生体"。 他在实验与理论两个方面都对生命的起源进行了十分有价值的研究。 地球生命的起源，仍是值得人们去不断探寻的一个奥秘。

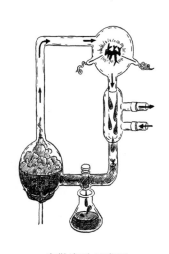

米勒实验示意图

如果生命起源的奥秘能够得以解开，后面的事情就简单多了。 生物学家早已依据古生物考古给我们画出了一个清晰的进化路线图。 地球上最早出现的原始生命应该是原核生物，原核生物是没有细胞核的单细胞生物。 从原核生物到真核生物，在大约近 20 亿年的漫长时间之内，地球上的生物只有各种微生物。 在众多微生物中值得一提的是蓝绿菌。 这是一种光合放氧的藻类，对地球表面的大气环境从无氧到有氧的演化发挥了重要作用，形成了地球最初的生态圈。 地球上的生物，较早出现的是藻类植物，稍后出现的是单细胞动物。 单细胞的植物和动物又进化为多细胞的植物与动物，生命之树逐渐枝繁叶茂。 原始多细胞动物为海绵动物、腔肠动物、蠕虫动物、软体动物、节肢动物等，这些原始动物有的已经灭绝，有的至今仍生活在海洋之中。 多细胞生物大爆发出现在 5.4 亿年前的"寒武纪"，史称"寒武纪大爆发"。 从那时开始，原始植物从菌藻植物到苔藓植物，苔藓植物开始登上陆地，从苔藓植物到蕨类植物、裸子植物、被子植物，被子植物是现代植物中种类多、分布广的植物。原始动物从海洋无脊椎动物到脊索动物，从海洋动物到陆地动物，从两栖动物到爬行动物、哺乳动物，生物进化进入了一个全新的阶段。这里值得一提的是大型爬行动物恐龙，恐龙最早出现于三叠纪，盛行于侏罗纪，灭绝于白垩纪，横跨三个地质年代，统治地球约1.6亿年。恐龙灭绝之后，恐龙腾出的生态位使得哺乳动物在动物界逐渐占据优势地位，从原始哺乳动物进化到现代哺乳动物，在现代哺乳动物中又进化出了灵长类动物，在灵长类动物中演化出了类人猿。到了800万年至600万年之前，人猿分离，人类登上了历史舞台，演绎出更加波澜壮阔的人类史！

进化论和生物分子学告诉我们，地球所有的生物都具有共同的起源、相同的遗传密码、相同的生物化学进化路径。从生命诞生起，进化便开始了。生物的进化，既是自然选择的结果，也是环境变迁引发基因突变的结果。在生物进化的历史进程中，有过多次生物灭绝的事件，但每一次都导致了新的物种大繁荣。历史表明，生命的力量无比顽强！

人类的进化

莎士比亚曾在《哈姆雷特》中赞叹道："人是一件多么了不起的杰作！多么高贵的理性！多么伟大的力量！"但在生物学家眼中，人只是众多生物中的一员。按照现代生物学分类，人属于动物界，脊索动物门，哺乳纲，灵长目，人科，智人种。那么，人这个人科动物又是如何进化而来的呢？应该讲，当代考古学和生物基因测序技术的发展，已经给了我们一个较为确定的答案。

许多人都知道，人是从猿猴进化而来。最早的低等灵长类猿猴约出现在6000万年前。在漫长的岁月中，低等灵长类猿猴进化为高等灵长类的猿猴。埃及曾发现了3000万年以前的古猿原上猿的化石。

在 2300 万年至 1000 万年之前，在非洲、欧洲和亚洲均出现了森林古猿。

大约在 1200 万年前，地壳运动使得非洲东部形成了一条大裂谷。裂谷之西是茂密湿润的森林，生活在这里的猿类适应生长环境，保持了森林古猿的特性。 裂谷之东，降雨量逐渐减少，森林变成了稀树草原和灌木丛林，生活在这里的猿类适应环境变化，进化成了一个新种类。 在 800 万年至 600 万年前，这些在草原和灌木丛林生存的猿类表现出与森林古猿的明显差异。 生物学家把这些猿类称为南方古猿。南方古猿一般能够直立行走，这被认为是具有了类人猿的特质，南方古猿的出现是人猿分离的一个标志。

为什么地理环境的变化会对森林古猿的进化带来如此积极的效应呢？ 人类学家研究后认为，原因主要有三条：一是森林古猿从树栖生活为主变为陆地生活为主，逐步直立行走，直立行走的古猿昂起头颅，开阔了视野，解放了双手，促进生理与生活特性发生了一系列积极变化；二是陆地为主的生活要防卫大型野兽的侵扰，必须学会用火和工具进行自卫，大约在 300 万年前，古人类进入了石器时代；三是走出森林以后古猿的食物结构发生了变化，从以林果为生到以杂食为生，进入石器时代以后学会捕食各种动物，营养更为丰富，促进了大脑与体质的变化。 生物学家认为，地域隔离与环境变迁是生物进化最重要的动力，南方古猿的演化证明了这一点。 在 250 万年至 150 万年前，南方古猿中的一支进化成能人。 能人意即能制作工具的人，这是最早的人属猿人。 200 万年至 20 万年前，非洲、欧洲和亚洲都出现了直立人。 直立人学会了用火，开始使用符号与原始语言。 20 万年前，人类进化进入了智人阶段，按照动物学分类，我们即为人科智人种。 智人的大脑和体质发育与现代人基本一致。 智人是现今地球上全体人类的一个共同名称。 智人的学名来自拉丁文，意思是"智慧的人"。

人类学家研究推测，在 190 万年至 70 万年前，非洲直立人曾第一次走出非洲，并在 50 万年至 30 万年之前有部分古人类返回过非洲。经现代基因科学线粒体与 Y 染色体的检测分析，人类学家认为，15 万年至 8 万年前，非洲的早期智人曾第二次走出非洲，与世界各地的早期智人相融合。 5 万年至 1 万年前，非洲的晚期智人又曾第三次走出非洲。 总体上讲，非洲古人类一次次走出非洲，构成了现今世界人类的主体，人类起源于非洲。

从猿到人的进化，除了行为与习性的改变，在生理结构上一个重要变化就是脑容量的增加。 人类学家研究，南方古猿的脑容量约为 420 毫升，能人的脑容量约为 780 毫升，直立人的脑容量约为 825 毫升，智人的脑容量约为 1250 毫升，而现代人的脑容量约为 1400 毫升。脑容量的增加显然有利于大脑发育与智慧的增长。 从猿到人，现代人经历了将近 1000 万年的演化历程。 在这个演化历程中，人类的进化呈加速趋势。 人类学家估计，人类在进化过程中每完成一次飞跃的时间约等于前一次飞跃所需时间的 1/3。 这是因为人类在生存与发展过程中结成了人类社会，人类社会的文明与进步表现了全体人类共同智慧与文化的结晶，人类也更善于把知识与文化传承给自己的后代，人类社会的文明与进步是一个历史积累延续的过程。 人类社会的整体文明与进步，使得人类将进化与进步逐渐融为一体，增强了人类对自然环境和社会发展的适应能力，人类日渐变得强大。

未来人类将如何进化？ 应该讲，生命不息，进化绝不会停止。随着现代科学与技术的进步，人类的进化将逐渐从被动的适应性进化转化为主动的控制性进化，基因改造，器官再生，打造人体 2.0 版、3.0 版，逐步从生物人到科技人，实现人类的数字化永生，人类正在努力掌控自己的命运！

传说、考古与基因技术显示的远古史

> 我们每一个人的每一个细胞里，都携带着来自先祖的信息。它们在我们的DNA里：这种代代相传的遗传物质不仅记录着我们每个人的历史，还记录着整个人类物种的历史。
>
> ——布莱恩·赛克斯《夏娃的七个女儿》

随着历史科学的日益发展，人类有文字记载以来的历史研究十分充分，各种类型的历史专论和著作浩如烟海。而对人类尚未有可信文字记载之前的历史，即所谓原始社会的远古史，因历史研究材料的匮乏，历史脉络的梳理尚未十分清晰。在古代社会，人们要想知道远古的历史，主要依靠口头传说及记载口头传说的文献资料。至今，这些流传下来的远古历史故事仍在社会大众中有着深厚的影响。19世纪，近代考古学在欧洲兴起，历史学家通过考察古人类活动遗留下来的遗物、遗迹及遗址等实物资料，运用科学的方法测定这些实物资料的存在年代，建立起了主流的历史科学研究体系。 但是，远古时代的实物资料仍不充分，不足以完全厘清人类远古社会的历史。 近些年，分子生物学兴起，人们通过基因技术提取古人类骨骼中保存的 DNA，检测分析现代人群的线粒体与 Y 染色体的 DNA 等，揭示古人类演化及迁徙的基本状况，重建远古社会人类的活动场景，为我们打开了窥探远古历史的另一扇窗户。 传说中的远古历史、考古学描绘的远古历史与基因技术揭示的古人类演化历史不尽相同，使得人类远古历史的研究愈加显得多彩多姿。

传说中的中国远古历史

中国是一个文明古国，中华大地早有古人类活动的足迹。 古代中国最早出现的系统文字是甲骨文。 所谓甲骨文是镌刻或写在龟甲与兽骨上的文字。 自 1899 年清末官员、著名金石学家王懿荣发现甲骨文以来，现已发现的有字甲骨约 15 万多片，甲骨上刻有的甲骨单字约 4500 个，迄今已经释读出的文字约有 2000 个。 绝大多数甲骨文在河南省安阳殷墟发现，殷墟是著名的殷商时代的遗址。 这些甲骨文主要记载了盘庚迁殷至纣王间 270 年的卜辞，成为研究商王朝中后期历史的重要文字材料。 因此，商王朝中后期及以后的历史可以称为"信史"。

人们通常把文字出现以前的历史称为史前时代。 在考古科学出现之前，人们要想了解史前时代的历史，主要依靠口口相传的历史传说。 在文字出现之前，这些历史传说经过了一代又一代人的口口相传。 在文字出现以后，这些历史传说又经过古代学者、史学家的逐渐搜集、整理、去芜存菁，载入各种历史文献及文学作品，成为后人了解远古历史的重要参考。 重要的历史文献及史书有《尚书》《左传》《史记》等，在《楚辞》《诗经》等文学作品中对历史传说也有涉及。后人知晓的传说历史大都是通过这些历史文献或文学作品所了解的。

一般来说，文学作品都有所编撰、创作，而史学家搜集、整理的历史传说经过了甄别、修饰，述说较为完整，更具有参考价值。我以为，历史文献最为经典的是西汉史学家司马迁编撰的《史记》，《史记》从《五帝本纪》《夏本纪》开始。所谓本纪是为帝王立的传记。《五帝本纪》是《史记》的开篇之作，记载了远古传说中被后人尊为帝王的五个部落联盟首领——黄帝、颛顼、帝喾、尧、舜的事迹，也反映了远古时代部落之间战争频繁，部落联盟首领实行禅让制，远古初民战猛兽、治洪水、开良田、种五谷、观测天文、推算历法及音乐舞蹈等原始社会的景象。在《史记》中，我们从司马迁"太史公曰"的"自述"中得知，司马迁作《五帝本纪》参考了多种古文经籍，并作一番实地考察，认为"皆不虚"而落笔。五帝之前的历史，中国古代有"自从盘古开天地，三皇五帝到如今"的说法，所谓三皇即天皇、地皇、人皇（泰皇）或曰燧人氏、伏羲氏、神农氏。在《史记》中，司马迁没有写三皇，但提及黄帝取"代神农氏，是为黄帝"等。从三皇五帝至夏朝，历史传说的脉络是十分清晰的。《夏本纪》主要记述了夏朝的历史。夏朝的历史从大禹治水说起。尧舜时期，洪水泛滥，夏族的首领大禹因治水有功，取得了帝位，并传给其子启，建立了我国第一个世袭的夏王朝。在《夏本纪》中，司马迁用较多笔墨记述了大禹奉舜之命治理洪水的功绩，并论述了华夏九州形势，概述了夏王朝的历史。夏王朝建立之后，经过太康失国、少康中兴、暴桀亡国的历史演变。夏王朝末代帝王桀残暴荒淫，最终被商部落首领汤率领着方国部落所灭，建立了商王朝。夏王朝作为一个世袭王朝，传 13 代，立 17 王，延续 470 余年，大约于公元前 1600 年灭亡。

按现在夏商周断代工程确认，夏朝起于约公元前 2070 年，而最早的《尚书》约成书于西周及战国时期，稍后的《史记》则成书于西汉，分别与夏朝及夏以前相隔一两千年，说夏朝及夏以前的历史是传说并没有错，只是古人听取的传说比之今人应该更为接近历史的真实。

考古呈现的中国远古历史

因古代文献资料缺乏，史学家开始注意搜集古代实物资料以研究古代历史。欧洲文艺复兴以后，一些人热衷于搜集希腊、罗马古物兴起了古物学。中国则较早产生了金石学。所谓金石学以研究商周带铭文的铜器（金）和秦汉的石刻文字（石）为主，起源于汉唐，兴盛于宋、清两代。19 世纪以后，科学规范的考古学在欧洲诞生。20 世纪初，考古学传入中国。1914 年，北洋政府聘请瑞典地质学家安特生为农商部矿政顾问，做了一系列开创性的考古工作。1926 年，中国考古学家李济主持发掘山西省夏县西阴村遗址，成为中国学者第一次主持的田野考古。一百多年来，中国的考古事业持续发展，取得了丰硕的成果。

从古人类考古发现，中国最早的古人类化石是云南北部元谋盆地出土的元谋直立人，据古地磁法测量距今 170 万年；在陕西蓝田县公主岭和陈家窝发现的蓝田直立人，据古地磁法测量距今分别为 98 万年和 53 万年；在北京周口店发现的北京直立人，据多种方式测定距今 71 万～23 万年。在中国境内发现的直立人化石还有和县人、沂源人、南召人、郧县人、郧西人等，发现的早期智人有马坝人、大荔人、长阳人、许家窑人、丁村人等，发现的晚期智人有山顶洞人、柳江人、资阳人、河套人、安图人、新泰人、丽江人、下草湾人、穿洞人及台湾台南发现的左镇人等，古人类的活动遗迹分布地几乎遍及全国。

从旧石器考古发现，中国最早的旧石器遗址是山西芮城县的西侯度文化遗址，这里发现了一批石制品和动物化石，据古地磁法测定距今约为 180 万年。在元谋、蓝田和北京直立人等化石所在地也都发现了石制品。重要的旧石器遗址还有山西芮城县匼河、贵州黔西观音洞、山西襄汾丁村、宁夏灵武水沟洞、辽宁海城小孤山等旧石器文化遗址。考古专家研究认为，中国旧石器文化发展有着自己的特点，其基本特征可以概括为"以向背面加工的小石器为主的群组"。

山顶洞人生活场景

直立人生活场景

从新石器考古发现，早期有山东滕县北辛遗址、河北武安磁山遗址、河南新郑裴李岗遗址、陕西华县老官台遗址、浙江余姚河姆渡遗址和桐乡罗家角遗址等，遗址的年代大体都在公元前 6000～5000 年。这些遗址大都属于农业村落，出现粮食遗骸和陶器及石器、骨器工具等。公元前 5000～3000 年，黄河中下游地区进入仰韶文化时期。仰韶文化以最早发掘河南渑池县仰韶村遗址而得名。典型的仰韶文化有陕西西安半坡村遗址、河南陕县庙底沟遗址等，仰韶文化以色彩丰富的陶器为特征，也称为彩陶文化。 公元前 3000～2000 年，黄河中下游地区进入龙山文化时期。 龙山文化以最早发掘山东济南龙山镇城子崖遗址而得名。 龙山文化在山东、陕西、河南、山西、湖北、河北、江苏北部、辽东半岛等都有类似的遗址发现。 龙山文化以黑陶为特色，大量出现玉器、铜器等。 专家认为，龙山文化时期的中国进入了铜石并用时代。

龙山文化后期，中原一带出现了一些较大的聚落，甚至出现一定规模的城池。 山西襄汾县陶寺遗址，城址总面积约为 280 万平方米，有城墙、宫殿、手工作坊及大型墓葬等。 陶寺遗址存世时间约为公元前 2300～1900 年。 有人推测，陶寺是传说中尧的都城。 河南偃师二里头遗址，城址总面积约为 300 万平方米，城内有宫城、宫殿群、贵族居住区、平民居住区、手工作坊、交通道路及大型墓葬等。 二里头遗址存世时间约为公元前 1750～1500 年。 一般认为，二里头遗址是夏晚期的都城遗址。 从二里头始，中国进入了广域王权国家时期。

基因技术显示的中国古人类历史

古代历史文献记载的中国远古史，虽属传说，但亦自成体系，有着源远流长的文化背景。 中国百余年的考古发现，成果丰硕，大体勾勒了远古社会的发展状态。 历史学家将文献资料与考古资料对比研究，使得中国远古社会的历史面貌逐渐清晰起来。 但是，近些年，分子生物学兴起，生物学家运用基因技术研究人类起源，提出了世界上现代人祖先源自非洲、并从非洲走向世界的观点，给远古社会历史研究以一种全新的视角，也对传统的人类远古历史理论形成了新的挑战。

这些年来，生物学家与人类学家合作，通过基因技术检测人类基因突变标志，初步建立人类基因的多态数据库，从线粒体 DNA 寻找人类母系祖先，从 Y 染色体 DNA 寻找人类父系祖先，从而论证全世界的现代人都源自非洲。 在确定现代人类源自非洲的基础上，生物学家又通过基因测序建立了世界各地人群的基因谱系，参考世界各地古人类考古资料，确定了非洲现代人走出非洲的大体时间与线路。 一般认为，约 6 万年前，因地球持续变冷，生活在非洲东部的现代人开始走出非洲，第一批走出非洲的现代人走的是"沿海高速通道"。 他们沿海岸线穿越曼德海峡进入阿拉伯半岛，越过霍尔木兹海峡沿印度西海岸、东海岸和东南亚沿海一路南下，经过大约 1 万年的长途跋涉到达了澳大利亚。 约在 5 万年前，又一批现代人走出非洲。 他们这一次走的是"草原高速通道"，从非洲草原跨越红海，穿过阿拉伯半岛，走向了伊朗及中亚地区。 伊朗的札格罗斯山脉或许阻挡了他们东进的步伐，迁徙的队伍在这里开始分道，一部分人南下印度，与原来留在印度的现代人会合，并逐渐进入了东南亚和中国南部；一部分人向西经过乌克兰、东欧，约在 4 万年前进入欧洲。 约在 2 万年前，从欧洲进入西伯利亚的一部分早期现代人，加上从东南亚和中国进入西伯利亚的少数早期现代人，一起从冰封的白令海峡陆桥，沿着海岸进入北美洲，从北美洲再到了南美洲。 数万年间，现代人从非洲出发，完成了走向世界的伟大壮举。

上海复旦大学现代人类学重点实验室的金力团队，对中国古人类的基因谱系做过许多研究。 从目前掌握的基因数据看，中国的现代人的祖先同样源自非洲。 这些来自非洲的现代人大约在 5 万至 4 万年前从东南沿海一路北上，与稍后从西伯利亚草原进入的现代人一起构成了中国现代人的主体。 因此，中国的南方人与北方人存在一定的体质差异。 2003 年，中科院古人类研究所的专家在北京周口店附近发现了田园洞人。 2013 年，中国科学家带领的国际团队成功提取了田园洞人的 21 号染色体和线粒体 DNA，这是到目前为止中国本土唯一成功提取 DNA 并作基因分析研究的古人类。 经分析认为，田园洞人携带少量尼安德特人与丹尼索瓦人的基因，更多表现为早期现代人的基因特征，与当今亚洲人和美洲土著人（蒙古人种）有着血缘关系，确定为距今 4 万年前的古人类。 田园洞人的基因分析表明，田园洞人是东亚人的近亲，但并不是直接祖先，田园洞人有着更为复杂的外来遗传背景。

　　人的基因中隐含着遗传的历史信息，我们可以从中发现许多以往不知的秘密。 但在很多时候，知道得越多，疑问也就越多。 如果按照分子生物学家的分析，中国晚期智人主要源自非洲大陆，我们想知道的是这些外来的晚期智人是否与中国本土的古人类有过交集或血缘交流。 如果外来的晚期智人与本土的古人类没有交集，是否意味着中国的旧石器文化的晚期存在着历史的断层。 这两个"如果"涉及中国远古文化的来源，我们有必要对中国旧石器文化的晚期石器，尤其是大约5万年之后石器考古发现做一个梳理，厘清外来石器文化与本土石器文化的异同。

　　在许多时候，历史学家就像在玩一种有趣的拼图游戏。 我们期待历史传说、考古发现能够与基因分析相互印证，最终将人类远古历史的这块"拼图"拼接得更加栩栩如生。

历史上的气候变化与人类社会变迁

> 显然，1788年的气候并非法国大革命的主要原因。但粮食、面包的短缺以及饥荒导致的灾难，在很大程度上是法国大革命的导火线。
>
> ——布莱恩·费根《小冰河时代》

我们生活在地球历史上一个气候温暖的季节，阳光明媚，季风和煦，雨水滋润，气候总体良好，万物蓬勃生长。但在地球历史上，却曾有过若干极端气候的岁月，或极其寒冷，或极其酷热，尤其是几次大的冰川期，肆意生长的冰川曾一度延伸至地球赤道的附近，在距今5.5亿～8亿年前的一次冰川期曾将整个地球冻成了一个雪球，称为"雪球事件"，大自然的变化神秘莫测。

我们今天已经有了较为完备的现代气象观测系统，从地面的气象观测站到天上的气象卫星，大型计算机汇集各种气象数据，勾画出清晰的天气云图，最终形成每时每刻存在的天气预报。 目前，我们的短期天气预报准确率在80％以上。 但是，中长期的天气预报准确率远不能达到这个水平。 从更长的时间周期看气候变化，它受着某种特定的规律支配，这些规律我们并没有完全掌握。 我们需要从历史的气候变化中去寻找与发现这些规律，这就产生了研究古气候的科学。 十分有意思的是，在探寻古气候变化的过程中，我们发现历史上的气候变化与人类社会的变迁有着密切关系。

南京多普勒雷达照片

探寻历史上气候变化的踪迹

气候是指一个地区在一定时间内各种气候要素的综合状态。 这些气候要素包括光照、气温、降雨量、风力、风向等。 气候的变化是太阳辐射、下垫面（大气下平面）的性质、大气及大洋环流和人类活动等长期相互作用的结果。 所谓气候学，是研究气候的形成原因、过程、分布和变化规律的学科。 所谓古气候学，顾名思义，就是研究古代气候的形成原因、过程、分布和变化规律的学科。

气候学与古气候学仅是研究不同时段的气候现象，但在研究的对象与方法上有着决然的不同。 现代气候研究依据的是大量的气象监测数据，气象监测数据主要产生在近现代。1593 年，意大利天文学家伽利略发明了温度计。1643 年，意大利物理学家托里拆利发明了水银气压仪。1653 年，在意大利建立了世界上第一座气象台。从此以后，世界各国陆续建立气象观测站，装备了各种气象观测设施，为现代气候研究及气象预报积累了大量的气候数据；而在 16、17 世纪以前，世界上并不存在气候观测的历史数据，只能通过对其他参照物的分析研究获得间接的气候数据。

古气候研究中，对气候参照物的分析研究一般从三个"维度"展开：（1）文字资料，主要是研究分析有文字记载以来的古气候。中国殷商时代的甲骨文、周代的《诗经》中都有气候状况的记载。古人对天气现象的许多记载与描述散见于各种古代典籍、文学作品，经研究整理后对我们了解古代气候的变化大有帮助。（2）考古资料，主要是研究分析古生物活动与气候变化的关系。古生物考古发现，古生物的演化、灭绝与古气候的变化有着密切关系，古树化石显示的年轮、气孔等也反映了气候的变化，人类的活动更是既受气候影响也在某种程度上影响着气候的变化。（3）地质资料，主要是研究分析某些特殊的岩石、沉积物判断古气候的变化。例如含煤岩系是在温暖潮湿气候条件下形成的，蒸发岩是在炎热和干燥的气候中沉积的，冰碛岩是冰川衰退的沉积物。地质学家还根据碳酸盐中氧同位素组成测定古海水温度等。

在古气候研究中，无论是文字资料还是考古资料、岩石资料都从一个侧面反映了古气候变化的状况，许多时候需要多种资料对照起来相互印证才能确定。大型计算机出现之后，人们将各种古气候资料汇集成数据库，根据气候形成理论及统计规律，建立了气候的数值模拟和实验模拟，使得古气候的面貌逐渐清晰起来。

开展古气候研究的一个目的是发现不同周期气候变化的规律。但是，气候变迁是一个十分复杂的现象，简单地讲，可分为地外原因和地内原因：地外原因涉及地球在银河系的位置及太阳的辐射变化等；地内原因涉及地球自转、极移及火山活动对气候的影响等。到目前为止，我们对长周期的一些气候变化规律仍不能完全认识。

气候变化与人类社会变迁

这些年来，气候科学发展进步，古气候研究成果丰硕，使得我们对古气候的变化有了更多的认识，我们能够对地质时代的气候变化勾画出一个大体清晰的粗线条轮廓。

我们知道，地球是由原始的太阳星云凝聚而成，迄今已有 45.6 亿年的历史。地球诞生时呈现熔融状态，温度非常之高。随着地球表面温度的降低，岩石冷却固化，大约在 38 亿～40 亿年前形成了最初的地壳，地球的地质年代由冥古宙进入太古宙。太古宙已经有岩石圈、大气圈和水圈，并孕育了生命。太古宙的气候温暖潮湿，但后期逐渐变冷，出现第一次冰川活动。元古宙藻类植物繁盛，大气中含氧量增加，气候延续温暖潮湿，但有较广泛的数次冰川活动。元古宙的震旦纪出现全球性的剧烈降温，导致了"雪球事件"。寒武纪气候温暖，出现了"寒武纪生命大爆发"。奥陶纪气候分带明显，早期温暖，末期冰川活动活跃。志留纪早期延续寒冷，中、晚期转暖。泥盆纪是相对温暖和干旱的时期。石炭纪气候潮湿、多雨，植被茂盛，末期进入冰川期。二叠纪气候由冷转暖。三叠纪、侏罗纪、白垩纪气候都十分温暖，这是恐龙的时代。白垩纪末期气候转凉，一颗小天体的意外降临，导致了恐龙的灭绝。第三纪气候有波动，但延续了温暖，各种哺乳动物相继现身，南方古猿也出现在第三纪末期。第四纪气候转为寒冷，出现了第四纪冰川期，非洲的晚期智人被迫离开家园，走向了世界各地，直至全新世开始气候才逐渐转暖。

从全新世开始，人类逐步进入了农业社会，气候变化对人类的农业生产活动产生重要影响。人们对这一时期的气候变化给予了更多的关注，出现了一些研究气候变化与社会变迁的专著。例如美国考古学家布莱恩·费根的《小冰河时代》、中国学者葛全胜的《中国历朝气候变化》等。葛全胜在《中国历朝气候变化》中认为，全新世气候分为三个阶段：早期增暖、中期温暖、晚期转冷。从全新世气候转暖起始，中华大地先后出现仰韶文化、龙山文化等，孕育了灿烂的古文明；夏商周处于大暖期的后期，中华文明得到延续，诞生了最初的国家形态；春秋战国由温暖转温凉，战国出现了大规模的战争杀戮；秦至东汉晚期气候相对温暖，开创并巩固了大一统的局面；东汉末年及魏晋南北朝进入寒冷期，这是一个极糟糕的战乱不已的时代；隋唐气候总体温暖，一度展现盛唐气象；唐中叶并延至五代时期气候转凉，五代十国是中国历史上一个大分裂的时期；宋至元中叶为气候温暖期，宋朝经济繁荣曾经举世无双；明清及民国初年气候相对寒冷，明末农民大起义与清朝太平天国运动都与当时农业生产遭受严重的自然灾害有一定关系，灾民遍地，而朝廷赈灾不力激起了民变；明清寒冷期与欧洲及大西洋周边地区的"小冰期"现象基本一致；民国初至今，气候在波动中逐渐暖化。气候变化的历史表明，"暖则盛，冷则衰"，气候温暖时社会比较稳定，气候寒冷时社会比较混乱。

气候影响社会变迁的原因

气候学家认为，气候是自然环境的重要组成部分。气候变化不仅对人类文明的演进产生重要的影响，一些历史上的重大事件本身就是气候变化的产物。

从本质上讲，古代社会是一个农业社会。农业生产提供了人类赖以生存的基本生活资料，也是支撑古代社会发展的重要经济基础。传统的农业生产，受到土地和气候环境的严重制约。可以说，传统的农业生产离不开土地，也离不开必要的气候条件。相对来说，土地是一个定量，而气候是一个变量，光照、积温、降雨量等气候条件对传统农业生产的最终收益起着至关重要的作用。

中国古代是典型的农业国家。农业生产起源较早，也积累了较为丰富的农业生产经验，但中国历史上人口众多，相对欧洲及新大陆国家，中国人均土地面积较少，农业生产面临着巨大的人口压力。在土地条件受制约的情况下，自然气候状况则成为影响中国农业生产的又一个关键因素。 中国幅员辽阔，跨多个气候带，气候具有复杂多样的特点，又因海陆因素，受季风影响显著，南北温差较大，东西雨水分布极不均匀，既易受干旱威胁，也易受洪涝灾害。 在历史上，气候变化曾给中国古代社会的变迁带来了广泛的影响。 今天来看，这种影响有着更为深刻的社会背景。

◉ 传统的小农经济。 受土地资源的制约，中国传统农业的主要生产方式是小农经济。 小农经济以家庭为单位，依靠自己的劳动，以自有或租入土地为主从事自给自足的小农生产，主要是满足自身的食物需求。 小农经济有两个显著的特点：一是农业生产的商品率低；二是抗御自然灾害的能力弱。 这种小农生产方式，如果遇到较大规模的气候灾害，基本没有抵御能力。 食不果腹的农民十分容易铤而走险。明崇祯十一年（1638 年）至十六年（1644 年）间，西北地区连续发生严重的旱涝灾害，飞蝗遍野，饥民遍地，饥寒交迫的灾民聚集在李自成、张献忠等的起义大旗之下，最终埋葬了明王朝。

◉ 尖锐的农牧冲突。 在中国古代，由黄河流经的广大区域是我国的北方农区，以内蒙古大草原为代表的广大区域是我国的北方牧区。 农耕文明与游牧文明是两种不同的文明类型。 在历史上，这两种文明既有冲突，也有交流，而气候则在两种文明的冲突与交流中起到了催化剂的作用。 专家研究表明，如平均温度降低 1℃，中国各地的气候带相当于向北推移了 200～300 千米；如降水减少 100 毫米，北方农区将向东南退缩 100 千米。 气候的冷暖交替变化，促使了农牧交错带的北进与南退。 寒冷不利于南方的农耕生产，更不利于北方的游牧生活。 东汉至魏晋南北朝时期，中国气候进入一个长达 400 年的寒冷期，居住在东北、西北的游牧民族纷纷南下，在我国北方建立了多个少数民族政权，史称"五胡十六国"。

◉ 落后的赈灾方式。 中国复杂多样的气候特点，决定了我国是一个气候灾害频发的国家。 据 20 世纪 30 年代邓云特所著的《中国救荒史》记载，从公元前 206 年（汉王朝建立）起计算，到 1936 年止，共计 2142 年，发生的灾害总数为 5150 次，平均每 4 个多月就有一次灾害发生。 频繁的气候灾害给小农经济以沉重打击，进而影响社会的稳定。 中国古代历来重视赈灾，从秦汉时就"立长平仓"等，储粮备荒。 清朝对赈灾也较为重视，据统计，从顺治元年（1644 年）至道光十九年（1839 年），清廷用于赈灾的银两达 4.5 亿两。 但因社会管理基础差，饥民流动性大，赈灾官员贪腐等原因，赈灾效率却十分低下。 19 世纪 50 年代，中国遭受大范围气候灾害，农业歉收，饥民遍野。 咸丰元年（1850 年），太平天国的洪秀全在广西金田村起义，当时仅有 300 余人，一路向南，饥民纷纷裹入，太平军饮马长江时已达百万之众。

我不是一个环境决定论者，但我认可气候变化是社会变迁的重要因素之一。 正如布莱恩·费根在《小冰河时代》一书中指出："人类面临的灾难有的源于气候变化，有的源于不当的人类行为，有的源于灾难性的政治或经济政策，而更多情况下则是三种因素综合作用的结果。"

到目前为止，人类的科学与技术能力仅限于适应气候的各种变化。 20 世纪初，地球结束了长达五百多年的小冰河时代，进入了一个暖化周期。 在短期内受温室效应等的影响，气候仍会持续变暖，极端气候也将显得更加频繁；长期看则小冰河时代可能会又一次降临，人类将再次面临严冬的考验。 我们唯有掌握气候变化的规律，提高中长期气候预报的水平，增强抗灾减灾的能力，方能"笑看风云变幻，我自安然无恙"。

探寻基因中的生命秘密

——科普书籍《DNA：生命的秘密》读后感

> 谁搬进我的大脑？谁绑住我的手脚？是DNA
> 唱我反调，还是我的命运不敢自编自导。
>
> ——歌曲《DNA》

1953 年，美国生物学家詹姆斯·沃森和英国生物学家克里克共同发现了 DNA 的双螺旋结构，开启了基因科学和分子生物学的新时代，也成为 20 世纪人类最重要的发现之一。 60 多年来，人们对 DNA 的探索未曾间断，基因科学的发展更是突飞猛进，使得人类对生命的奥秘有了更多的理解。 从某种程度上讲，基因科学正逐渐成为影响和改变人类命运的重要力量。

在今天，任何一个人，无论您从事何种职业，都不应该忽视基因科学的发展。 因为说不定在哪一天，您的健康和幸福会与这门奇妙的科学发生某种的联系。 从认识 DNA 开始，了解一点基因科学的基础知识，不再简单地纠结于该不该食用转基因农产品、个人要不要做基因检测等。 如果您赞成我的想法，那么，我向您推荐阅读一本书——《DNA：生命的秘密》。 像许多优秀的科普读物一样，《DNA：生命的秘密》具有权威性、知识性、趣味性。 该书的两位作者，一位是美国著名生物学家、DNA 双螺旋结构的发现者詹姆斯·沃森，一位是哈佛大学遗传学博士安德鲁·贝瑞。 可以说，这是一部 DNA 的探索史，一部 DNA 的教科书。 两位作者用亲身的经历和丰富的知识讲述一个个有趣的科学小故事，让你轻松阅读，欲罢不能。

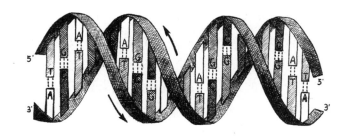

DNA 双螺旋结构示意图

解译生命的密码

《DNA：生命的秘密》一书以基因科学发展为主线，首先向我们讲述了生命秘密的探索历程。 我们知道，地球生命在诞生之后，经历了一个逐步进化的过程。 在这个进化过程中，既有传承也有变异。达尔文从物种生存环境和生存竞争的角度阐述了生物的进化规律，认为这是自然选择的必然结果。 而就在 1856 年达尔文开始撰写《物种起源》的时候，被称为"现代遗传学之父"的孟德尔正在奥地利奥古斯丁修道院的花园里开始了他种植豌豆的试验。 孟德尔选择不同性状的豌豆进行杂交试验，通过试验证明植物的性状是由遗传因子决定的，并揭示了遗传学三大基本规律中的两条规律，分别是分离规律和自由组合规律。

19世纪下半叶，生物学家在显微镜下观察到了细胞核内的多种线状体，并发现这些线状体易被碱性染料染成深色，故称之为染色体。生物学家通过观察和研究，推测生物的遗传特性与染色体有着重要的关联。20世纪初，美国生物学家摩尔根用果蝇进行诱发突变试验，确定了染色体为基因的载体，并揭示了遗传学的第三条规律——连锁交换规律。1926年，摩尔根发表了著名的《基因论》，对基因这一遗传理论进行了系统论述。1933年，正值诺贝尔诞辰一百周年之际，摩尔根荣获了诺贝尔医学奖。

随着分子生物学的兴起，生物学家在分子水平上研究生命现象，取得了许多积极进展。1953年4月，生物学家沃森和克里克共同在《自然》周刊发表论文，提出了DNA的双螺旋结构。这一期周刊共刊登了三篇关于DNA的论文，除了沃森和克里克的论文之外，还有英国伦敦国王学院学者富兰克林和威尔金斯的论文。他们的论文使人们对DNA有了更加广泛深入的了解。值得一提的是，当年的沃森仅有25周岁，正是意气飞扬之时，而女科学家富兰克林后来却英年早逝。1962年，沃森、克里克和威尔金斯一起分享了诺贝尔生理学/医学奖。从此以后，基因科学作为一门新兴学科开始登上历史的舞台。

《DNA：生命的秘密》的两位作者以对基因的深刻认识，行云流水般地夹叙夹议，给我们讲述了基因科学的种种秘密。这本书让我们明白，基因是控制生命性状和生理过程的内在因素，基因具有双重性：物质性（存在方式）和信息性（功能属性）。基因的物质基础是脱氧核糖核酸，简称DNA。DNA构成了生命的密码，这些密码由碱基组成。碱基一共有4种，分别为腺嘌呤（A）、胞嘧啶（C）、鸟嘌呤（G）、胸腺嘧啶（T）。这4种碱基又以3个相邻的碱基构成一组编码，如ATG、CCT、AGC等，被称为"三联体"。4种碱基排列组合成了64种"三联体"，而这64种"三联体"又代表了20种氨基酸，其中多组"三联体"代表了同一氨基酸。这表明在生命的遗传过程中，大约有1/4的"突变"为"同义突变"，保持了生物进化的稳定性。在结构上，每一个碱基按A对T、C对G，形成对应的配对碱基，两条对应的 DNA 分子链缠绕成双螺旋结构。 DNA 的双螺旋结构诠释了基因复制原理，在细胞分裂时，双螺旋 DNA 的两条链解开，两条单链分别作为模板进行复制，最终形成两个新的双链 DNA 分子。不同功能的 DNA 分子链被折叠压缩形成不同的染色体。 人类的每一个细胞内有 23 对染色体，包括 22 对常染色体和 1 对性染色体。 性染色体分为 X 染色体和 Y 染色体。女性的性染色体为 XX 结构，男性的性染色体为 XY 结构。

X 染色体和 Y 染色体

现代研究表明，基因出现异常，这是导致人类产生疾病的重要原因之一。 1990 年，美国科学家实施人类基因组计划，为人类基因 30 亿对碱基精确测序，破译了人类全部生命信息。 2003 年，测序完毕的人类基因组序列公布，媒体欢呼雀跃："人类掌握了生命的脚本。"美国前总统克林顿发表讲话宣称："我们正在学习上帝创造生命的语言，即将拥有对付疾病的强大本领。"

正在兴起的基因革命

《DNA：生命的秘密》一书以很大的篇幅，述说了基因科学在农业、医疗、制药、考古及司法鉴定等方面的广泛运用。 基因科学突飞猛进的发展，正在深刻影响着人类自身和人类的社会生活。 毫不夸张地讲，基因科学的发展，最终将决定人类及人类社会的命运。

当人们察觉基因为生物的生命密码，而这个密码决定着生物的性状和生长过程时，生物学家们便跃跃欲试，意图通过基因重组实现控制生物生长的目的。 最早进行基因重组尝试的是农业。 1985 年，生物学家利用苏云金芽孢杆菌的一个基因片段改良了烟草，这就是所谓转基因作物。 苏云金芽孢杆菌对许多昆虫是有毒的，转基因的烟草抗病虫害，减少了烟草种植过程中农药的使用。 1994 年，第一个转基因的食用作物——贮藏寿命更长的番茄在美国投放市场。 20 世纪 90 年代，基因枪技术逐步成熟，生物学家把重组的基因颗粒用基因枪直接注入生物组织或细胞，转基因变得更加便捷。 像美国孟山都等多家生物技术公司推出了更多的转基因农作物，包括转基因的大豆、玉米、棉花和油菜等。 2000 年，德国生物学家在水稻中插入黄水仙的基因片段，促使水稻能够更多生成维生素 A，这就是黄金大米。 转基因农作物既受到了一些农场主的欢迎，也备受社会大众的质疑。

基因革命的另一个重要方面就是医疗领域。 在医疗领域，基因科学对抗人类疾病的方法从两个方面展开：一是基因检测，一是基因治疗。 基因检测是通过基因芯片等方法对被测者细胞中的 DNA 分子进行检测，分析被检测者所含致病基因、疾病易感性基因等情况，让被检测者了解自己的基因状况，提早采取预防或有效地干预疾病的措施。 美国著名电影演员安吉丽娜·朱莉就是一个例子。 朱莉的家族有乳腺癌遗传倾向，她通过基因测序发现自己确实带有遗传缺陷基因，因此采取手术切除了两侧乳腺。 朱莉发表文章《我的医疗选择》，公开了自己的经历，引发全球关注女性乳房健康。 目前大约有1000 多种遗传和非遗传性疾病可以通过基因检测技术作出诊断。

基因治疗技术就是一种基因重组技术。 按照基因科学理念，除外伤和细菌感染之外，几乎所有疾病都与基因有关，人体产生疾病的原因包括遗传的基因缺陷，基因的后天突变，正常基因与环境之间的相互作用等。 基因治疗针对患者存在的遗传或突变的致病基因，将外源的正常基因导入靶细胞，以纠正或补偿因基因缺陷和异常引起的疾病，达到治病的目的。 最近，美国食品药品监督管理局批准的嵌合抗原受体 T 细胞（CAR-T）疗法就是一个例子。 医生从癌症患者身上提取免疫 T 细胞，经体外基因修饰后激活 T 细胞的嵌合抗体，通过培养扩增后再输入患者体内，以达到消灭患者体内癌细胞的目的。

《DNA：生命的秘密》一书详细介绍了基因治疗的技术细节。 生命的密码是用蛋白质写成的，重新编辑基因密码，首先要找到修改蛋白质密码的工具。 生物学家先后发现了能够剪切 DNA 的限制酶，能够黏合 DNA 的连接酶，能够复制 DNA 的聚合酶等，有了这么一套"酶"工具，DNA 的修改与编辑显得更加得心应手。 生物学家还利用病毒的侵略性，选择适合的病毒，除去病毒的致病源，装入需要植入的正常基因，让病毒成为安装人体 DNA "补丁"的有效载体。

随着基因科学的发展，基因治疗还有许多新的方法。 在可预见的未来，基因治疗必然成为人类对付各种内源性疾病的新的强大医疗武器。

前行中的不安与纠结

伴随基因科学的日益发展，在基因技术运用方面得心应手、收获颇丰的时候，我们内心深处的不安与纠结也一样与日俱增。 在生物学家刚刚窥探 DNA 中蕴藏着的生命秘密的时候，就曾有人用调侃的语言告诫道：我们进入了上帝的专属领域！ 在转基因技术高歌猛进的时候，反对转基因的力量也在生长和壮大，提醒人们不要轻易打开"潘多拉"的魔盒。

从目前来说，反对基因技术的人群大体上可以分成两大派：一派是从技术上反对，认为基因技术在许多方面尚不成熟，反对将不够成熟的基因技术贸然使用，我们姑且称这一派为技术反对派；一派是从道德意义上反对，担心基因技术被心怀叵测的人利用，成为谋取私利或危害人类的工具，我们姑且称这一派为道德反对派。 2015 年 2 月，英国议会投票通过了允许"三父母体外受精技术"的法案，该法案为避免母亲将生理缺陷基因遗传给子女，同意采用医学方式将健康妇女的卵子线粒体替换有缺陷母亲的线粒体。 采用这项技术的好处是让基因检查有缺陷的母亲一样可以抚育健康的子女。 2018 年 11 月 26 日，深圳青年学者贺建奎宣布，一对名为露露和娜娜的基因编辑婴儿诞生，并宣称由于改变了婴儿的某一个基因片段，她们出生后即"天然抵抗艾滋病"，这是世界首例免疫艾滋病的基因编辑婴儿。 消息一经媒体发布，引起了舆论的广泛质疑与反对。 许多科学家从技术与道德两个方面表示了担忧。 一方面这项基因编辑技术的生理安全性仍有待验证；另一方面这项技术将引发出所谓的婴儿"设计潮"，会带来一系列的社会问题。 平心而论，无论是技术反对派还是道德反对派的担心都不无道理。 说到底，尽管这些年来基因科学有了很大发展，但我们尚不能穷尽基因科学的全部秘密。 正如《DNA：生命的秘密》的作者在书中所说："距离完全解开 DNA 的运作奥秘，我们仍有一段漫长的路途要走。" 在这个世界上，贪名逐利和反社会的不轨之徒也大有人在。 我是非常赞成合理运用基因重组技术的，但当听到诸如转基因食品没有任何风险、人类基因重组一定会给人类带来福音之类的说法时，我也会皱起眉头。 基因技术有好、坏之分，基因技术的运用也有公益与私利之分，决不能一概而论。 凡涉及人类的健康与生命，我们必须倍加谨慎。

对基因科学来说，在技术上需要不断进步，在社会管理上需要不断规范；这些都丝毫不影响这门科学继续前行的步伐。 我们只是希望生物学家与社会学家共同努力，给基因科学这辆高速奔驰的列车安装上有效的控制系统和刹车装置，这个控制系统和刹车装置就是法律，用法律给科学研究与应用划出安全边界，用法律给反人类的技术应用踩刹车，使得基因科学真正能够造福人类。

读罢掩卷沉思，我们已经测定了基因的序列，了解了 DNA 的分子构成，但我们尚不知晓基因编码的全部规律、DNA 作用的所有机制等。 如果有一天，这些都不再是秘密，我们能够完全掌控生命的自由生长，人类就将命运牢牢地抓在了自己的手中，我们期待这一天。

农业转基因技术与风险管控

> 任何科学上的雏形，都有它双重的形象：胚胎
> 时的丑恶，萌芽时的美丽。
>
> ——雨果（法国文学家）

　　我在从事农业管理工作时，常有人问我，你说转基因农产品是不是安全的？我们能不能放心食用转基因农产品？说实话，我开始时并不清楚这些问题，也想弄清楚这些问题。利用工作之便，我遇到南京农业大学的老师、江苏省农业科学院的专家都会认真讨教一番。前几年有机会赴美国加州大学戴维斯分校访问，那里有一个全球食品中心，我与中心的学者交流对农业转基因技术的看法，结果发现不同的专家对转基因技术也有着不同的认识。

　　这时，我恍然大悟，这是一个没有标准答案的问题。于是，我从

书店购得关于转基因技术的书籍，从网上找来赞成或反对转基因技术的文章，下决心自己认真作一番探讨。一次偶然的机会，正好遇到国家农业部的一位领导，他在农业部分管科技工作，对农业转基因技术的应用与管理有着较为全面的了解，听他娓娓道来，我受益良多。逐渐地，我对农业转基因技术有了一个比较清晰的认识，也喜欢与人一起交流与分享。

农业转基因技术的追根溯源

我们要认识一个事物，有必要了解这个事物的过去与发展，这样才能更好地把握事物的本质属性。农业转基因技术源自基因科学。1953年，美国生物学家詹姆斯·沃森和英国生物学家克里克共同发现了DNA的双螺旋结构，开启了基因科学的新时代。六十多年来，基因科学有了日新月异的发展。现代生物学告诉我们，地球上所有的生命都来自一个共同的源头：从原核生物到真核生物，从单细胞生物到多细胞生物，从简单生物到复杂生物，逐步形成植物、动物和微生物等生命的大家庭。生命之树枝繁叶茂，根却在一处；共同的源头决定了生命本质的一致性。无论是动物、植物，还是微生物，有一个共同的特征，即用同一种方式编写了生命密码，这个生命密码就是基因。基因承载着生命性状和生长过程的全部信息。简单地讲，基因是生命的剧本，决定着生命的形态和过程；生命一旦激活，就按这个剧本上演生命的大戏。而书写这个剧本的语言和语法是一样的，都是以脱氧核糖核酸为基础物质的碱基构成的基本语言，4种碱基以"三联体"的方式组成一组编码，以双螺旋的结构形成了具有遗传效应的基因序列。生物基因的一致性构成了基因重组的基础。人类逐步破译生命的密码，从根本上讲，目的就是企图调控生命的性状和生长的过程。

基因有两个特点：一是能够"复制"；二是在"复制"过程中会产生"变异"或"突变"。当生命进化至有性繁殖阶段，生命原初基因一对等位基因的两条DNA分别来自父本与母本，不同特征的父本与母本结合产生新的基因组合，生命变得更加丰富多彩。 人类在进入农业社会后，很早就学会了选择性状优良的农作物作种子，以期优良品种得到持续繁衍。 以基因科学的眼光来看，选择优良品种就是选择优良的基因。 随着生产实践的发展，人类不满足简单地自然选择，而学会了运用杂交的方式培育新的品种。 1856 年，遗传学之父孟德尔在奥地利奥古斯丁修道院进行了长达 8 年之久的豌豆杂交试验，从而揭示了生物遗传的基本规律。 杂交在本质上是一种不同特征而同一物种生物的基因重组。 现代研究表明，基因突变在生物界是普遍存在的；自然条件下发生的基因突变叫作自然突变，而人为条件下诱发产生的基因突变叫作诱发突变。 随着现代科技的发展，人们广泛采取物理辐射诱变、化学诱变、太空诱变等多种手段促使农作物的基因突变，以期获得最佳的农作物性状，满足人类对农产品不断增长的需要。

随着基因科学的逐步发展，生物学家逐渐掌握了基因编辑的各种技术，便迫不及待意图通过直接修改生物基因编码实现控制生物生长的目的，此之谓基因重组。 最早进行基因重组尝试的就是农业。1985 年，生物学家利用苏云金芽孢杆菌的一个基因片段改良了烟草，这就是所谓转基因农作物。 苏云金芽孢杆菌对许多昆虫是有毒的，转基因的烟草抗病虫害，减少了农药的使用。 1994 年，第一个转基因的食用农作物——贮藏寿命更长的番茄在美国投放市场。 从此以后，农业的转基因尝试一发而不可收，转基因农产品越来越多地进入我们的生活。

所谓的农业转基因技术就是利用现代分子生物技术，将某些生物的基因片段转移到其他农业物种中去，改造生物的遗传物质，以获得新的物种特征和性状，培育新的农业品种。 转基因育种与传统育种相比有着很大的不同。 传统育种一般为同类物种的基因改变，如水稻杂交是不同品种或不同生长特征的水稻之间的杂交，人工诱变是诱变植物自身发生基因突变等。 而转基因育种则往往是打破了物种界限实现跨物种的基因转移，如抗虫转基因烟草就是将特定细菌的基因片段转入烟草基因。 因此而言，农业转基因技术的目的性更加精准、效果更加明显，但随之而来的风险管控的难度也自然而然地增加了。

农业转基因技术的发展趋势

毫无疑问，农业转基因技术的产生促进了农业生产的发展。经过基因改良的农业物种，一般更能够适应环境的变化，防御自然灾害，提高农产品的产量；一些农业物种基因改良后具有多种抗性，如抗寒、抗虫、抗病等，减少了农药和除草剂的使用，降低了农业生产成本；有些转基因的农业物种还能够丰富农产品的营养，有利于人体的健康等。

无论人们如何看待农业的转基因技术，这些年来，全球农业转基因技术的发展是十分迅速的。首先，转基因农作物的种植面积不断扩大。1996 年，全球转基因农作物种植面积仅为 170 万公顷；2016 年，已经扩展至 1.85 亿公顷，增长了 110 倍，占全球 15 亿公顷耕地的约 12%。全球主要农作物中 82% 的大豆、68% 的棉花、30% 的玉米、25% 的油菜都是转基因品种。其次，转基因农作物的种类不断增多。现在，全球批准商业化种植的转基因农作物已经增加至 28 种。美国一直是转基因农作物的最大种植国和转基因农作物的最大消费国。美国种植的 99% 的甜菜、93% 的大豆、90% 的玉米和棉花都是转基因品种，市场上 70% 的加工食品含有转基因成分；近年来，美国又分别批准了转基因马铃薯、苹果的商业化种植。再次，批准转基因农作物种植和进口的国家不断增加。全球种植转基因农作物的国家由 1996 年的 6 个，增加到 2016 年的 28 个，加上批准进口转基因农作物的 40 个国家，全球转基因农作物商业化应用的国家已经增加至 68 个。美国、巴西、阿根廷、印度、加拿大和南非等都是主要转基因农作物的种植国。欧盟只在西班牙等部分成员国有少量转基因玉米种植，但允许进口转基因大豆、玉米等用作生产加工的原料。日本同样没有批准转基因农作物的商业种植，但也允许进口大豆、玉米、马铃薯等转基因农产品。

随着农业转基因的产业化、商业化推进，农业转基因技术不断发展。 近年来，出现了提高转基因效率的生殖干细胞法、增强转基因精准性的基因打靶法、核糖核酸（RNA）干扰介导的基因沉默技术和诱导多能干细胞转基因技术等，基因转化的精准度和有效性都大为提高。 世界一些主要转基因农业生产国都加大农业转基因技术的研发投入，农业转基因技术的竞争也十分激烈。

面对蓬勃兴起的转基因农业热潮，我国对农业转基因技术发展十分重视。 近年来，国家一些重大科技计划都将转基因技术研发和安全评价研究作为重大项目予以支持。 2008 年，国家启动实施了"转基因生物新品种培育重大专项"，初步建立了独具特色的转基因育种科技创新体系；其中，水稻、小麦等全基因组测序、水稻功能基因组学研究以及转基因抗虫水稻、抗虫棉、转植酸酶玉米等产品研发处于世界领先水平。 我国对农业转基因技术研究较为重视，而对农业转基因的商业化推广则较为慎重。 截至目前，我国批准发放 7 种转基因作物安全证书，分别是耐储存番茄、抗虫棉花、改变花色矮牵牛、抗病辣椒、抗病番木瓜、转植酸酶玉米和抗虫水稻，实现大规模种植的只有抗虫棉花和抗病番木瓜。 我国批准且当前有效的转基因事件或事件组合（进口申请件）共 46 件，主要为大豆、玉米、棉花、油菜和甜菜等。

农业转基因技术的风险管控

中国有一句古话：民以食为天。 大多数农产品最终将成为人们的食物。 农业转基因技术作为一项新技术，能够给农业生产带来种种改善，但能否确保农产品的安全，这是社会公众始终关心的重大问题。为此，国际食品法典委员会（CAC）、联合国粮农组织（FAO）与世界卫生组织（WHO）等制定了一系列转基因生物安全评价标准，包括对转基因产品食用的毒性、致敏性、致畸性以及对基因漂移、遗传稳定性、生存竞争能力、生物多样性等生态环境影响的安全评价，以确保通过安全评价、获得安全证书的转基因生物及其产品都是安全的。 欧盟对转基因农作物采取了更为慎重的态度，欧盟委员会历时 25 年，组织 500 多个独立科学团体参与的 130 多个科研项目得出的结论是："生物技术，特别是转基因技术，并不比传统育种技术危险。"

我国农业转基因安全管理遵循国际通行规则，逐步建立一整套适合我国国情的法律法规与管理办法。 2001 年，国务院颁布了《农业转基因安全评价管理办法》，国家农业部、国家质检总局制定并实施了一系列配套文件。 国家组建了农业转基因生物安全委员会，负责转基因生物安全评价和开展转基因安全咨询工作；组建了全国农业转基因生物安全管理标准化技术委员会，发布了 132 项转基因生物安全标准。 国家明确对农业转基因生物实行按目录强制标签标识制度，以利于社会公众对农业转基因产品进行自行选择。

国际社会和国家对转基因农产品严加监管，本身就说明了在某种程度上转基因农产品存在一定的风险。 从逻辑上讲，如果转基因农产品绝对没有任何问题，这些管控措施显然是多余的。 尽管多数国家加强对农业转基因技术的管控，但社会公众对转基因农产品安全性的非议仍不绝于耳。 人们对转基因农产品安全性的担心主要来自两个方面，即食用安全与环境安全。

从食用安全来讲，任何一种食品，包括转基因食物，进入人体肠胃后，蛋白质、脂肪、碳水化合物等分解成小分子被人体吸收；转基因农产品所含的基因片段不至于与人体基因发生相互作用，但转基因农产品转入基因所表达的蛋白质是否为有毒或致敏蛋白质，这应该成为各种安全评价和监管的重点。 南京大学生命科学院的张辰宇教授曾在实验中发现植物的微小核糖核酸（RNA）片段可以通过日常饮食进入人体血液和组织器官。 我听过张辰宇教授在南京半城论坛的"转基因：现状与争论背后的意蕴"讲座，但他并没有说进入人体的这些微小基因片段是否能与人体基因发生直接关系。 应该讲，迄今为止，并没有发生一例被科学证实的安全问题。

从环境安全来讲，主要是指抗虫、耐除草剂等转基因农作物的长期种植有可能诱发新的抗转基因品种的害虫、杂草等产生，破坏生态环境。 应该讲，大自然是平衡的，既然有抗性的转基因品种产生，也必然有反抗性的害虫、杂草等产生。 目前，有这方面的问题反映，但问题仍并不十分严重。 我与一些反对农业转基因技术的朋友作交流，除却一些比较极端的想法，他们有两点基本看法：一是认为农业转基因技术发展太快了，没有给观察与验证留出足够的时间；二是社会监管存在着许多漏洞，农业等部门对转基因项目审批非常慎重，但对社会上一些非法转基因农作物的种植与销售仍管控不力，未经批准的黄金大米出现就是一个例证。

社会公众对转基因农产品的不信任，还涉及一个更为深刻的社会背景，这就是社会本身的信任危机。 我经常遇到有人笑着对我说，你们政府的食堂没有转基因食品吧？ 我只好苦笑笑，因为我知道说啥人家也不信。 其实，我们每个人都一样难以逃脱食用转基因食品的命运。 我只说一件事，世界上大豆种植面积80％以上为转基因大豆，我国进口大豆总量占世界大豆贸易量的70％左右。 据农业部新闻发言人介绍，进口大豆主要用于饲料豆粕和食用油生产。 生产食用油产生的豆粕也主要用作饲料工业。 因此，我国饲料工业的主要原料是转基因的豆粕。 这些转基因豆粕做成了饲料，饲养的牲畜、家禽和水产品最终成为了每一个人餐桌上的食物，谁能说我绝对不吃转基因食物吗？

从根本上讲，一项划时代的新技术问世，有这样那样的不同认识是十分正常的事情。 我丝毫不怀疑，基因科学、农业转基因技术会深入发展，具有广阔的前景。 巨大的商业利益，会驱使新技术碾压公众议论一路前行。 但我始终认为，当人类分享当代科技带来的巨大福利时，安全驾驭科技仍应放在更加突出的位置。

走进奇异的微生物世界

> 在泥土之中也蕴藏着生命，那是我们肉眼看不到的微小生物的生命，以及枯草的生命……
>
> ——重松清《失落的奥德赛》

在这个星球上，人类踏遍了世界的每一个角落，辨识了无数的动物与植物。多少年来，一代又一代的动物学家、植物学家孜孜不倦地考察地球上新的物种，精心制作各种动物、植物的标本，用科学的方法把它们分门归类，一遍又一遍地编写动物志、植物志。可以说，我们对世界上的大多数动物、植物都有了一个初步的了解。但是，我们仍对有一类生物知之甚少，这就是微生物。

美国纽约大学微生物学教授马丁·布莱泽在《消失的微生物》一书中告诫我们："在这个地球上，真正的主宰者是肉眼看不到的微小之物——细菌。 在近 30 亿年的时间里，细菌是地球上唯一的生命形式。 它们占据了陆地、天空、水体的每一个角落，推动着化学反应，创造了生物圈，并为多细胞生命的演化创造了条件。"微生物虽微小，竟是如此神奇。 我们现在知道，大千世界的芸芸众生都源自微生物，远古微生物的光合作用改变了地球的大气成分，创生了生物圈。今天，不知其数的微生物仍与人类生活在一起，共同塑造着地球的未来面貌。

人类必须认识微生物，了解微生物，学会与微生物友好相处，让微生物帮助人类创造更加美好的生活。

认识微生物

微生物，顾名思义，即微小的生物，一般是指广泛存在于自然界，肉眼看不见或看不清，必须借助显微镜观察的显微生物。 这些显微生物包括了细菌、病毒、真菌、显微藻类以及一些微型原生生物等在内的一大类生物群体（有些微生物是肉眼可以观察的，如真菌的灵芝、蘑菇等）。 从微生物的特点看：（1）个体微小。 微生物的大小一般以微米为单位衡量，常见的霉菌为 2～10 微米，病毒仅为 10～20 纳米。 （2）种类繁多。 微生物的种类呈现多样性，现在已经发现的约为 10 万种，但生物学家估计，世界上微生物的实际种类将大大超过这个数字，一般估计在 50 万～600 万种。 （3）分布广泛。 微生物在自然界的分布极其广泛，存在于土壤、空气、水体、动植物身体、人体和一些极热、极寒、极酸等的极端环境之中。 （4）结构简单。 微生物的个体通常是细胞本身，除大型真菌之外，一般没有细胞的分化现象，微生物的营养吸收方式和代谢调节方式也比较简单，被认为是世界上最简单的生物。 （5）容易变异。 微生物的生命周期非常短暂，有的存活几天，有的仅存活数个小时。 生命周期愈短，繁殖愈快，加之结构简单，必然极容易产生变异。 因此讲，微生物是一种非常特殊的生物。

依据微生物的细胞结构状态，微生物可以分为三大类：原核细胞微生物、真核细胞微生物、非细胞类微生物。 第一大类为原核细胞微生物。 原核细胞微生物是指没有成形的细胞核或线粒体一类的单细胞生物。 这是微生物中的一个重要群类，绝大多数为单细胞生物，也有一些种类可形成多细胞或多细胞丝状体，主要包括细菌、放线菌、蓝细菌、立克次氏体、螺旋体、支原体和衣原体等。 第二大类为真核细胞微生物。 真核细胞微生物是指细胞核具有核仁和核膜、能进行有丝分裂、细胞质中有线粒体等细胞器的微小生物，主要包括真菌类的酵母菌、霉菌和藻类、原生动物以及微型后生动物等。 第三大类是非细胞微生物。 非细胞微生物是一种不具有细胞结构，但具有遗传、复制等生命特征的微生物，主要包括病毒、亚病毒等。 病毒一般由一个核酸分子与蛋白质构成，或仅由一种特殊的蛋白质构成，称为"分子生物"。 病毒结构简单，寄生性强，只能利用宿主活细胞内现成的代谢系统合成自身的核酸和蛋白质成分；但病毒在离开宿主细胞后能够以无生命的生物大分子状态存在，并长期保持其侵染活力。 一旦遇到新的宿主细胞，病毒会吸附、进入、复制、装配、释放子代病毒而重新显示生命特征。 因此讲，病毒是一种介于生物与非生物之间的原始生命体。 病毒一般呈现球状、杆状、蝌蚪状等。 从遗传物质分类，有DNA 病毒、RNA 病毒、蛋白质病毒（朊病毒）；从病毒结构分类，有真病毒、亚病毒；从寄主类型分，有噬菌体（细菌病毒）、植物病毒、动物病毒（禽流感病毒、天花病毒）等。

在微生物的大家庭中有一类成员比较特殊，这就是古细菌，又称古生菌、古核生物。 20 世纪 70 年代，美国微生物学家卡尔·乌斯在对一些产甲烷细菌、极端嗜盐细菌，极端耐热、极端耐酸的奇异细菌进行基因分析和研究之后认为，这些细菌的细胞结构、基因特征既不同于一般的细菌，也不同于真核生物，因此建议把这一类微生物单独划分为"古细菌域"。 这就导致了生命三域学说（古细菌、细菌、真核生物）的诞生。

微生物学的发展

人类在发现微生物之前，在生产、生活的实践中早已学会了微生物的应用。中国有4000多年的酿酒历史，美索不达米亚有5000多年制作奶酪的历史，这些都是微生物应用的实例。但是，微生物作为一门科学，是在17世纪末显微镜发明之后逐渐形成的。

微生物学是生物学的一个分支，是研究微生物的生物学性状、生态分布以及微生物与人、动植物、自然界之间关系的一门学科。微生物学的发展，大体上经历了4个阶段。

第一个阶段是形态学阶段，时间为17世纪下半叶到19世纪中叶，人们主要运用显微镜观察微生物的个体形态。通过深入观察，了解微生物存在的广泛性。最早运用显微镜观察微生物的是荷兰传奇人物安东尼·列文虎克。到了19世纪中叶，一些生物学家开始简单地为微生物进行分类。但是，由于微生物分布极广、种类极多、个体极微小，至今仍没有对微生物的分类予以完全确认。

列文虎克的显微镜

列文虎克肖像

第二个阶段是生理学阶段，时间为19世纪下半叶。代表人物是法国微生物学家、化学家路易·巴斯德和德国微生物学家柯赫。巴斯德在微生物领域中的研究具有开创性，是近代微生物学的奠基人。他在工业和医学微生物研究方面取得了三大重要成果。巴斯德认识到：（1）微生物菌导致了酿酒过程中的发酵作用。他发明的"巴氏杀菌法"，解决了啤酒过度发酵而导致的发苦现象。（2）每一种传染病都是微生物菌在生物体内滋生的结果。他发现并根除了一种侵害蚕卵的细菌，拯救了当时的丝绸工业。（3）传染疾病的微生物菌经过特殊培养可以减轻毒性成为防病的疫苗。他成功地研制出鸡霍乱疫苗、狂犬病疫苗等。柯赫的研究成果主要集中在两个方面，一方面是在微生物研究的基础操作方面，他所领导的微生物实验室建立了多种微生物纯培养及染色方法，推动了微生物的科学研究；另一方面是在疾病的病原菌学说方面，发现了多种疾病的病原菌。柯赫因对结核病的系列研究获得了1905年的诺贝尔医学奖。

第三个阶段是生物化学阶段，时间是19世纪末到20世纪50年代。代表人物有德国化学家爱德华·比希纳。他一生从事发酵过程和酶化学研究，发现酵母菌的无细胞提取液能与酵母一样具有发酵糖液产生乙醇的作用，从而认识了酵母菌酒精发酵的酶促过程，将微生物生命活动与酶化学结合起来。他由此获得了1907年的诺贝尔化学奖。从20世纪30年代起，人们利用微生物进行乙醇、丙酮、丁醇、甘油以及各种有机酸、氨基酸、蛋白质、油脂等的工业化生产。这一时期，还有一位代表人物是英国微生物学家亚历山大·弗莱明。弗莱明发现了青霉素，英国的病理学家瓦尔特·弗洛里、生物化学家鲍里斯·钱恩发明了青霉素的提纯方法。1945年，他们三人共同获得了诺贝尔医学奖。青霉素的发现，使人类找到了一种具有强大杀菌作用的药物，结束了那个可怕的传染病几乎无法治疗的年代。人们开始不断寻找新的抗生素，人类进入了一个制造合成新药的时代。

第四阶段是分子生物学阶段，时间是20世纪50年代至今。20世纪30年代电子显微镜的问世，大大拓展了人们观察微观世界的视野，分子生物学应运而生。所谓分子生物学是从分子水平研究生物大分子的结构与功能，从而阐述生命本质的一门科学。20世纪50年代以来，这门科学的发展十分迅速，涌现出了一大批著名的科学家。据统计，这些年来，诺贝尔自然科学奖的几乎三分之一颁给了生物化学或分子生物学。1938年，丹麦物理学家、生物学家德尔布吕克从噬菌体研究着手，分解出核酸和蛋白质，开创了分子生物学的先河。1953年，美国生物学家詹姆斯·沃森和英国生物学家弗朗西斯·克里克共同在《自然》杂志上公布了DNA双螺旋模型和核酸半保留复制学说，奠定了分子遗传学的理论基础，成为 20 世纪最重要的科学发现之一。遗传学理论的诞生，对整个生物学起到了重大影响。 德尔布吕克和沃森等分别获得了诺贝尔医学奖。 由于微生物结构简单，微生物的基因测序和重组相对比较容易。 这些年来，微生物的基因重组不断获得新的进展。 胰岛素通过基因转移由大肠杆菌发酵生产，干扰素也开始用细菌生产。 现代微生物学的研究继续向分子水平深入，向生产的深度和广度发展，形成了一个崭新的生物技术产业。

与微生物和谐相处

微生物学是一门年轻的科学。 人类真正开展微生物学研究的历史仅有 100 多年时间。 在这 100 多年的时间里，人类不断深化对微生物的认识，利用微生物资源造福人类，取得了很大的成功。 当前，人类社会发展面临的人口爆炸、粮食危机、食品安全、能源缺乏、环境污染等种种问题，都能从微生物科学中找到解决之道。 随着人口增长，粮食安全成为人类生存至关重要的大事。 微生物在提高土壤肥力、防治粮食作物病虫害、促进粮食转化、发展食品工业等方面可以大显身手。 化石能源日益枯竭，困扰世界各国的发展。 微生物在参与石油勘探与二次开采利用，发展沼气能源、生物质能源，开发燃料电池等方面，都具有广阔前景。 生态环境污染威胁着人类社会生存，微生物在污水处理、污染土壤修复、生活及生产废弃物的处理等方面有着独特作用。 许多具有远见卓识的科学家都认为，21 世纪是微生物的世纪。

微生物布满了大地、森林、海洋与天空，我们生活在一个与微生物为伴的世界里；微生物也寄生在我们的身体内。 微生物与人体健康的关系十分密切。 微生物学家告诉我们，人的身体约由 40 万亿～60 万亿个细胞组成，但却容纳了超过 100 万亿个微生物。 人在正常分娩时从母体带着微生物，并来到了一个布满微生物的世界。 在出生后的头三年，微生物逐渐在婴幼儿体内形成了一个微生物生态系统。 这些微生物寄居在人的体内，从人这个宿主那里获得食物与栖身之地，也为宿主提供了许多关键性的服务。 在人的口腔、耳鼻、眼睛、皮肤和会阴部等都有许多微生物，帮助人体构成了抵御细菌侵袭的第一道防线。 微生物在人体内最大的聚居地是消化道。 从口腔开始，友好微生物开启了食物消化的第一步。 胃部是强酸环境，这里主要有幽门螺杆菌，它既是胃炎的致病原因，也对胃酸的分泌、激素的产生、免疫力的维持发挥着作用。 消化道微生物的最后聚集地是结肠，结肠微生物帮助人体降解素食纤维并消化淀粉，分泌一些短链脂肪酸为人体吸收。 人体微生物在帮助人体消化食物的过程中，还能消化乳糖，分解各种药物，合成氨基酸，产生许多人体需要的微量化学元素，对人体的代谢发挥着重要作用。 在女性身上，微生物占领并保护着阴道。经产道分娩的婴儿带着母体的微生物，发育更加健康。 微生物群体对人体最大的贡献在于提供免疫力。 人体微生物群落的一个关键特点是维护自身的生态平衡，它们并不欢迎外来入侵者，而是帮助人体建立了一道重要的微生物防线。 人体内的微生物群落与人体是一种互利共生的关系。

现在，对事关人体健康的微生物群落威胁最大的是抗生素滥用。在疾病治疗中，抗生素滥用成为一个普遍现象。 典型的是上呼吸道感染的治疗。 上呼吸道感染主要由病毒引起，抗生素对病毒性上呼吸道感染没有作用，但病人往往仍会服用大量的抗生素。 在许多情况下，抗生素的滥用导致细菌耐药性的增强，反过来刺激了人类抗生素的大量使用。 在现代农业的家禽、水产及畜牧养殖中，也存在着抗生素滥用现象，农业养殖中滥用的抗生素随着饲养对象排泄物进入了环境，最终随着养殖类农产品进入了人体。 抗生素滥用致使人体健康的微生物菌群失调，也导致了许多现代疾病的发生。 因此，必须大声疾呼反对抗生素滥用！

微生物在人类的健康方面扮演着极其重要的角色。 2007 年，由美国主导包括中国等多国参加的"人类微生物组计划"启动，展开了对人体微生物群组的大规模基因测序。 2016 年 5 月 13 日，美国又宣布制定"国家微生物组计划"，支持跨学科的研究，以回答多样化生态系统中微生物组的基本问题。许多科学家也呼吁建立"国际微生物组研究计划"，联合全世界的跨学科学者、科学家，共同推进微生物科学的持续发展，让人类与微生物始终互利共生。

植物工厂的崛起与未来

你玩过开心农场吗？用手指点几下鼠标，就能为自己的农场施肥、浇水。如今，科技的力量正在让这样的场景成为现实。

——《互联网＋现代农业》

人类社会的食物生产是最基本的生产活动。农业生产发生之前，人类以渔猎采集为生。渔猎采集的对象是自然界的植物、动物等，自然资源有限，养活不了众多的人口。大约 1.2 万年前，在美索不达米亚、埃及、中国、印度、中南美洲地区等形成了若干位于大河之畔的农业起源中心，通过引种谷物、豆类、块茎类等可食植物，驯化牛、猪、羊和狗等牲畜，从刀耕火种到人工灌溉，从狩猎圈养到人工繁殖，形成了原始的农业生产，并沿着不同的路径向世界各地扩散，发展成为各具特色的农业生产类型。农业生产发生之后，人类积累农业生产经验，改进农业生产技术，提高农业生产产量，发展传统农业，养活了世界上众多的人口。

18 世纪下半叶发生的工业革命，开启了机器制造的新时代，伴随科学与技术的进步，人类社会面貌发生了翻天覆地的变化。 工业革命给农业生产带来了机械化、化学化和信息化，机械化帮助人们从繁重的农业劳动中解放出来，化学化为农作物生长提供化学肥料、为防止杂草和病虫害侵扰提供化学农药，信息化帮助种植业、畜牧业生产实现了智能化的科学管理，传统农业开始进入了现代农业阶段。 现代农业减轻了农业生产的劳动强度，提高了农业产品的产量品质，但没有改变农业生产的基本面貌。 从某种程度上讲，农业是工业革命发生之后变化最为迟缓的一个产业。 今天的农业，种植业仍遵循着播种、育苗、生长、繁殖、收获的规律，畜牧业仍延续着配种、繁殖、生长、育肥、出圈的过程。 农业种植生产容易受自然灾害的侵害，农业养殖生产容易受流行疫病的侵害。 说到底，农业生产的过程仍是一个生命物质的培育过程，这个培育过程仍在自然环境中进行，受到了自然环境的严苛节制。 随着科学与技术的发展，尤其是基因技术与人工智能技术的进步，这一切终将改变。 农业只有彻底摆脱了自然环境与气候的制约，才能在真正意义上摆脱在农业生产之前始终标注的"传统"两字，问心无愧地称得上现代农业。

植物工厂的崛起

工业革命诞生了现代工厂制度。 所谓现代工厂制度，就是以机器制造为主体的集约生产，整个生产活动受制于严格的管理规章，形成了较高的劳动生产率。 工业革命的成功，给农业以极大的示范启示。人们希望农业生产也能够借鉴现代工厂制度，摆脱自然环境的制约，摆脱对可耕地的依赖，采用机械化流水作业，形成集约、高效的生产方式。 但是，传统农业巨大的发展惯性，致使农业工厂的出现比工业工厂晚了将近两个世纪。

　　1949 年，美国植物学家和园艺学家在加州帕萨迪纳建立了一座人工气候室，成为了植物工厂的早期模型，为植物工厂的发展进行了有意义的探索。 1957 年，丹麦在哥本哈根市郊的约克里斯顿农场建设了世界上第一座真正意义上的植物工厂，工厂面积 1000 平方米，采用人工光和太阳光并用技术，从播种到收获采用全自动传送带流水作业，年产水芹 100 万千克。 植物工厂开始登上历史舞台。 1963 年，奥地利卢斯纳公司建造了高 30 米的塔式人工光植物工厂，采用上下传送带旋转式的立体栽培方式种植生菜，最大限度节约土地，成为垂直植物工厂的发端。 1973 年，英国温室作物研究所库珀教授提出了营养液膜法（NFT）水耕栽培模式，简化了栽培结构，降低了生产成本，成为植物工厂的一项标准技术。 植物工厂在欧美起步，但由于日本人多地少，在日本得到了充分发展。 1974 年，日本日立制作所中央研究所的研究团队建成了一座采用电子计算机调控的花卉蔬菜工厂，该工厂由一栋两层的楼房和两栋栽培温室组成，研究团队通过计算机分析植物工厂的温度、光照强度、二氧化碳浓度等对植物生长影响的数据，获得了较大成功。 20 世纪七八十年代，世界上一些著名企业如荷兰的飞利浦、美国的通用电气、日本的日立制作和三菱重工等纷纷投入巨资，与农业科研机构合作，进行植物工厂的关键技术开发，为植物工厂发展奠定了坚实基础。 1985 年，日本在筑波世博会上展示了一套三层楼高的塔式人工光植物工厂，成为日本植物工厂发展成就的一个历史标志。 1987～1989 年，美国在亚利桑那州的沙漠中建设了一座微型人工生态循环系统，称为生物圈 2 号（假设地球为生物圈 1 号）。 生物圈中有一个集约农业区，集约农业区好比一个大型植物工厂，以满足实验人员的食物需求。 生物圈 2 号探索了未来可能的太空殖民中封闭生态系统的作用。

　　这些年来，发达国家的植物工厂发展迅速。 美国、荷兰、日本、韩国、以色列等都建设了众多的植物工厂。 中国的植物工厂建设起步较晚，但发展较快。 20 世纪 90 年代，中国开始植物工厂实验探索。 进入新世纪以后，中国东部沿海地区广泛进行植物工厂建设。 2013 年，由无锡市供销社与日本三菱株式会社合作建设的首座植物工厂在江苏无锡农业科技博览园建成投产。 这座植物工厂采取太阳光与人工光相结合的方式，采用无土水培技术，起到了较好的示范作用。 2016年，中国科学院植物研究所与福建三安集团合作在福建安溪建设了国内最大的植物工厂，植物工厂在中国蓬勃兴起。

植物工厂生产车间

植物工厂的优势

植物工厂是现代设施农业发展的一个重要标志。 日本植物工厂学会曾对植物工厂做过定义：即利用环境自动控制、电子技术、生物技术、机器人和新材料等进行植物周年连续生产的系统，也就是利用计算机对植物生育的温度、湿度、光照、二氧化碳浓度、营养液等环境条件进行自动控制，使设施内植物生育不受自然气候制约的省力型生产。 简而言之，植物工厂就是创造一个适宜植物生长的人工环境，实施自动化半自动化的生产管理，可以全年无休进行植物栽培的农业系统。 一般来说，狭义的植物工厂专指人工光源的植物生产系统，广义的植物工厂泛指所有的设施农业。 现在的大多数植物工厂都采用了人工光源（LED 光源）和水耕栽培技术（无土水培技术），植物工厂的机械化和机器人使用情况则根据不同植物生产对象采取不同方式。 植物工厂的生产对象一般为蔬菜、花卉、果树、食用菌及部分大田作物。

植物工厂育苗车间

植物工厂是一种高投入、高技术、精装备的农业生产体系。与传统农业生产方式相比，植物工厂的优势主要表现为：(1)植物工厂生产的计划性强，可以在不受自然环境影响的条件下，实现周年均衡生产；(2)植物工厂营造植物生长最佳环境，增加光照时间，科学配水施肥，能够获得较高的单位面积产量；(3)植物工厂采用机械化半机械化作业，降低了工厂用工水平，劳动生产率大幅提高；(4)植物工厂实行封闭式生产，严格投入品管理，少施肥不用药，产品更加安全健康；(5)植物工厂设置多层、垂直空间结构，采取立体栽培模式，大幅节省土地与能源；(6)采用垂直封闭结构和人工光技术的高层植物工厂，能够与现代城市建设紧密结合，为大中城市居民就近供应大量新鲜、健康的蔬菜。如此等等，植物工厂有着诸多优势，而制约植物工厂发展的关键是生产成本较高，植物工厂的农业产品仍缺乏市场竞争能力。但植物工厂代表了未来农业发展的一个方向。未来植物工厂的发展将重点采用新的基因技术、物联网技术和人工智能技术，培育更适宜人工栽培的植物品种，营造更适合植物品种生长的工厂环境，建立更节省人力资源的生产流程，提高植物工厂农产品的市场竞争能力。

农产品的生产，除了蔬菜、花卉、果树和食用菌之外，还有畜牧、水产和大田作物。先进的畜牧、水产养殖也已经在某种程度上进入了工厂化行列。现代畜牧养殖场给每一头牲畜打上耳标，对牲畜的饮食、防疫、运动等进行信息化管理。现代水产养殖场采用物联网技术，对养殖水体和养殖对象生长状况进行智能化管理等。这些措施都提高了畜牧、水产的养殖效率。大田作物主要指适宜大规模种植的农作物，如小麦、稻谷、大豆、棉花、甘蔗等。这些大田作物生产主要是采用物联网技术加强生长管理，大量使用农业机械以节约人力成本，以此提高生产效率。未来农业的发展将从两个方向展开，一是农业工厂向集约化、精准化方向发展，一是大田作物向规模化、机械化方向发展。基因技术、人工智能技术将在未来农业发展中扮演更为重要的角色。

植物工厂的未来

以色列历史学家尤瓦尔在《未来简史》一书中指出："过去几百年间，科技、经济和政治的进步，打开了一张日益强大的安全网，使人类脱离生物贫困线。"这就是说，人类在整体上已经摆脱了食物不足的困境。提供健康、安全的农产品是未来农业发展的一个新的方向，而植物工厂正是顺应了这一历史趋势。目前，影响植物工厂发展最突出的因素是产品的市场竞争能力。植物工厂高技术、高投入、生产成本高，也带来了产品相应的高价格，成为制约植物工厂发展的一个主要瓶颈。未来植物工厂的发展既要降低生产成本，提高生产效率，又要明确市场定位，突出优质优价，使之成为大中城市蔬菜供应的一个重要生产途径。

植物工厂是现代科学与技术发展的产物，植物工厂的未来也将寄希望于科学与技术的进步。

◉ 培育更丰富的植物品种。 目前，植物工厂的生产品种主要是生菜、菠菜、水芹、莴苣、黄瓜、番茄等，以叶菜、瓜果为主，品种尚不丰富。 今后，要运用现代生物技术，培育更多适宜植物工厂水培方式生长的蔬菜、瓜果、花卉、食用菌品种，不断开拓植物工厂的生产类型，让植物工厂既满足大中城市的新鲜农产品供应，也成为城市一道靓丽的景观，形成质感丰富的都市农业景象。

◉ 寻找更优质的人工光源。 早期植物工厂一般采用太阳光与人工光相结合的办法，现代植物工厂多数采用封闭结构的人工光源，以给予植物充足的光照。 植物工厂的光源从过去的农用钠灯到了现在普遍使用的 LED 灯。 种植实践表明，不同的植物对不同的光谱有着不同的敏感性，同一植物在不同的生长期也对不同的光谱有着不同的敏感性。 因此，植物工厂通常会选择全光谱光源，以满足各种植物生长需要。 光照在植物工厂的生产成本中占有很大比重，探索更高效的新型光源是未来植物工厂发展的一个方向。

◉ 配制更高效的液体肥料。 植物工厂大多数采用水耕栽培技术。 水耕栽培也叫作营养液栽培，将植物生长所需要的养分制成营养液供植物吸收，植物的根系生长在营养液之中。 营养液为植物生长提供充足、稳定的水分与营养，植物在营养液中生长的速率要高于土壤生长。 水耕栽培技术的核心是营养液的配方，不同的植物需要不同的营养，同一植物在不同生长阶段也需要不同营养，这些都需要经过反复实验取得经验。 营养液中的各种营养物质要能够很好地溶于水，并易于植物吸收。 因此，植物工厂的光照配方和营养液配方往往成为植物工厂的不传之秘。

◉ 探索更优化的管理模型。 植物工厂是典型的农业高科技产物。 植物工厂由计算机对植物生育过程的温度、湿度、光照、二氧化碳浓度以及营养液等环境条件进行自动控制，实现了可控环境下的高效生产。 植物工厂不仅控制工厂生产环境，还将由计算机掌握目标市场供应情况，合理安排植物生产与市场需求的衔接，以期获得更高的生产效益。 这些都需要经验积累和大数据的分析运用。 从本质上讲，植物工厂就是未来的农业智能工厂。

希望有一天，我们的城市不仅耸立着五光十色的商业楼宇，也耸立着瓜果飘香的植物工厂，城市上空飘逸的绿叶，成为每个人心中最美的风景。

人工智能:一个时代的神话

> 世界尽头的地方,是雄狮落泪的地方,是月亮升起的地方,是美梦诞生的地方。
>
> ——电影《人工智能》台词

这几年来,人工智能成为一个越来越热门的话题。 2016 年 3 月,美国谷歌公司编制的阿尔法围棋(AlphaGo)电脑程序战胜了韩国国际围棋大师李世石九段。 2017 年 5 月,阿尔法围棋电脑程序再次战胜世界围棋第一人柯洁九段。 赛后,阿尔法围棋团队宣布阿尔法围棋将不再参加围棋比赛。 从美国 IBM 公司研制的"深蓝"计算机战胜俄罗斯国际象棋大师卡斯帕罗夫,到美国谷歌公司的阿尔法围棋战胜国际围棋大师李世石、柯洁,人工智能一次又一次震惊了人类。

我们过去经常讲,人算不如天算。 如果有一天,计算机的计算能力全面超越人的计算能力,出现了人算不如计算机算的境况,那么人类的命运将会发生怎么样的变化呢? 今天,人工智能的触角已经深入社会生活的各个方面,许多行业都展现了智能化发展的广阔前景。 人工智能专家大胆预言:在不远的将来,人工智能将超越人类智慧,人类社会的历史将要掀开崭新的一页。 社会学家认为,人类社会发展至今,面临了无数的挑战,人工智能将是人类要面临的最后一次挑战。毫无疑问,人工智能的发展将对人类智慧形成巨大的挑战,也将深刻影响人类社会的发展,影响人类的前途命运。 我们必须密切关注人工智能的发展,准确把握人工智能的过去、现在与未来。

人工智能:一颗年轻的心

人工智能建立在计算机技术发展的基础之上,是一门年轻的科学。 1946 年 2 月,美国军方定制的世界上第一台电子计算机——电子数字积分计算机在美国宾夕法尼亚大学问世,标志着一个计算机时代的来临。 计算机出现以后,计算机专家一直希望将来的计算机能够像人一样具有思考的能力,能够帮助人类解决各方面的问题,成为一部具有智能的机器。 1950 年,英国数学家艾伦·图灵发表了《计算机和智能》的论文,并提出了著名的“图灵测试”。 图灵测试认为,如果一台机器能够与人类展开对话(通过电传设备)而不被辨认出机器的身份,这台机器便具有了智能。 1955 年 8 月,美国达特茅斯学院邀请来自哈佛大学、贝尔电话实验室、IBM 公司等一批具有远见卓识的年轻计算机学者聚集在一起,共同探讨机器模拟智能等一系列问题,第一次提出了“人工智能”的概念,正式开启了人工智能的新时代。 人工智能,英文缩写为 AI,一般认为是对人的意识、思维的信息过程进行模拟并展现智慧的能力。 人工智能逐渐从一个计算机的分支发展成为一门涵盖计算机科学、信息论、控制论、心理学、生物学、数理逻辑学、神经生理学等广泛学科的独立科学。

达特茅斯会议之后，人工智能的研究在一些高校和企业实验室逐步展开。 1958年，计算机专家约翰·麦卡锡开发了一种计算机分时编程语言LISP，这种语言至今仍在人工智能领域使用。 1959年，美国IBM公司工程师阿瑟·萨缪尔发表论文，介绍了他编写的西洋跳棋程序，提出了"机器学习"的概念。 阿瑟·萨缪尔曾用这款具有自学功能的编程打败过西洋跳棋高手。 1961年，工业机器人先驱乔治·德沃夫研制了世界上第一台可编程的机器人"尤尼梅特"，并在通用公司的汽车装配线上使用。 20世纪70年代初期，人工智能发展遇到了一些新的问题，一度陷入了一个沉寂期。 1980年，加州大学伯克利分校哲学教授约翰·塞尔提出了"中文屋实验"，以此证明机器并不具备思考能力，引起了很大的争议。

1968年，美国斯坦福大学的专家教授合作研制了化学质谱分析体系，这是世界上第一个专家咨询系统。 此后，各种类型的专家咨询系统争相出现。 在这个过程中，人工智能在程序设计语言、知识表示、推理方法等方面都取得新的进展。 人工智能专家从各种不同类型的专家系统抽取共性，总结一般原理，形成知识工程概念。 适应知识工程发展，日本在1982年提出"建设第五代计算机研制计划"，美国、英国和苏联也提出相应的发展计划。 但这些雄心勃勃的计划都因缺乏关键技术支撑而最终没有达成理想的效果。

20世纪80年代末期，美国一些学者提出了人工神经网络的反向传播算法，这种浅层学习模型在网络数据支持下获得了较大成功。2006年，加拿大多伦多大学教授杰弗里·辛顿领导的研究团队提出采用逐层训练方法的深度学习模型，掀起了深度学习的新浪潮。 这些年来，深度学习在语音识别、图像识别等自然语言处理方面取得了令人鼓舞的成效。 在互联网时代，深度学习与网络大数据结合，强化了数据训练的实际效果，在许多领域的实际运用中获得成功，深度学习成为了人工智能发展的一个重要方向。

人工智能:一颗学习的心

目前,人工智能发展最核心的技术成果就是深度学习。 所谓深度学习,是模拟人脑进行分析学习的神经网络对数据进行分层表征学习的一种方法。 从本质上讲,深度学习属于人工智能领域内一个更宽泛的概念——机器学习,即根据某些基本原理训练一个智能计算系统,最终使机器具备自我学习的能力。 机器学习在很大程度上是一门实验科学,需要在实践中不断探索前进。

现在的深度学习主要是通过构建多隐层的模型和海量数据训练(有标签或无标签数据),来学习更有用的特征,从而提升分类或预测的准确性。 在这里,"深度模型"是手段,"特征学习"是目的。深度学习的"多隐层模型"借鉴了人的大脑神经网络的学习模式。 我们知道,大脑的基本思维单元是神经元细胞,每一个神经元可以通过突触向其他神经元发放信号。 在神经元"学习"过程中,突触的信号强度会增加。 受脑科学的启发,计算机科学家开发了人工神经网络。人工神经网络是由大量电子元件处理单元互联组成的非线性、自适应信息处理系统。 为了让深度学习算法从海量数据中概括出更为抽象的概念,计算机科学家又开发了深层神经网络。 深度学习中的深层神经网络隐含了多个层次的虚拟神经网络,层与层之间采用特定方式连接。 这种深层神经网络的构想据说源自人脑视觉皮层的层状结构,它在人脑中负责处理从眼睛接收的图像信号。 "深度"学习的"深"指的就是含有多隐层的深层神经网络,多隐层模型一般含有 5~10 个隐层节点。 深层神经网络中的每一层把接收的输入数据进行处理,再把提取特征的输出数据传向下一层,越往深层,其表征的概念就越抽象。 正如深度学习的鼻祖杰弗里·辛顿教授所言,多隐层的人工神经网络具有优异的特征学习能力,深度神经网络在训练上的难度可以通过"逐层初始化"来有效克服。

为了理解深度学习技术的多层训练，我们以人脸识别为例进行简要说明。人脸识别是现在比较成熟的人工智能技术，已经得到了广泛的运用。人脸识别技术的核心是给计算机提供大量的人脸图像，对计算机的人脸识别系统进行深化训练。简单来讲，第一层：计算机识别明暗像素；第二层：计算机识别边缘和简单形状；第三层：计算机识别更为复杂的形状；第四层：计算机由此得出抽象定义：哪些形状为人脸等。在人脸识别过程中，计算机对人脸图形进行分类标记，从低层到高层逐层提升数据特征的复杂性，最后形成人脸的基本概念。

基于多隐层神经网络的海量数据训练是深度学习技术的通常算法类型，适应不同的目的任务会形成不同类型的深度学习技术算法。一般来说，深度学习技术的效率取决于三个关键因素：算法、算力和海量数据。算法是指计算机计算模型的先进性，算力是指计算机的运算速度，海量数据是指能够提供运算的有效数据。这些年来，深度学习技术除了在算法模型方面取得巨大进步之外，算力和有效数据也都有很大提升。首先，计算机的核心元件不断升级（如 CPU、GPU 等），并出现了针对人工智能运算进行优化的 AI 芯片，大幅提升了智能运算的速度；其次，"互联网＋"和物联网的发展，使得互联网数据更丰富、更完整，大量带标记的数据集出现，使数据训练更有效率。深度学习技术正在引领人工智能走向更加成熟的彼岸。

人工智能：一颗远大的心

深度学习技术蓬勃发展，推动了人工智能在各个领域高歌猛进。许多人对人工智能的发展既表示出欣喜，也表达了担忧。欣喜的是人工智能的发展给人们生活带来了便利，体现了人类社会的进步。担忧的是人工智能一旦超越人类智慧，将成为人类社会发展的一个不可控因素。喜忧参半，反映了人类社会的复杂心态。

我们讲，人工智能的出现是人类科学技术发展的一个必然产物。

人类社会的发展，经历了原始社会的石器文明、古代社会的农业文明、现代社会的工业文明，从工具变革到技术创新，从技术创新到科学进步，呈现出一个递进发展的态势。 工业文明肥沃的土壤开出了以计算机技术为基础的人工智能之花，人类社会发展的下一个文明状态就是智能文明。 人工智能的发展符合人类社会历史进化的必然逻辑，一切不以人的意志为转移，这是任何人都阻挡不了的时代洪流。

从人工智能的发展现状来看，判断人工智能何时超越人类智慧似乎为时尚早。 人工智能按智能化程度作衡量，分为弱人工智能和强人工智能。 弱人工智能能够模拟人的思考、模拟人的行动，但总体上讲，仍由人类设定算法，机器通过深度学习获得某种智能。 强人工智能能够理性思考、理性行动，最重要的是，在人类设定算法的基础之上，机器对算法能够自行优化或创造新的算法。 强人工智能则有可能演变为超级人工智能。 超级人工智能具有三个基本特征：（1）具有应对多任务的能力；（2）具有自主进化的本领；（3）具有自我利益的意识。 在这三个基本特征中，应对多任务是前提，自主进化是实质，具有自我利益的意识标志着机器觉醒。 觉醒的超级人工智能会产生机器异化，作为手段的智能可能不再顺从作为目的的人类。 值得庆幸的是，目前的人工智能仍处于弱人工智能的阶段。 许多人工智能专家认为，人工智能要实现从弱到强的跨越，必须从计算机架构到算法实现革命性的改变，计算机架构可能不再是经典的冯·诺伊曼逻辑结构，人工智能算法也不仅仅是深度学习一种算法。 看来强人工智能仍有很长的路要走。

未来人工智能的发展，必将向着更大规模的机器学习、更有深度的机器学习、更强交互性的机器学习的方向发展，这取决于计算机运算能力的提升，取决于互联网有效数据的搜集，但人工智能的核心仍是算法的创新。 因此讲，算法决定一切，算法赢天下。 从这个意义上讲，谁掌握了算法，谁就掌握了未来。 如果有一天，机器能够优化算法，甚至创新算法，掌握了算法，真正出现超级人工智能，人工智能就会超越人类智慧，所谓"奇点"降临，世界将因此而彻底改变！

神奇的比特币和区块链技术

> 每一个时代都有自己值得骄傲的技术，无论是晶体管、激光、互联网，还是载人航天飞机。近十年中，金融领域最具颠覆性、最闪耀的技术发明莫过于区块链。
>
> ——《区块链:重塑经济与世界》

近两年来，股市一直低迷，房价在不同的城市呈现冰火两重天，许多人看上了比特币。从 2017 年元月开始，比特币的价格像脱了缰的野马，一路上扬。元月 1 日，比特币的国际价格是每枚 1003.25 美元。到了 8 月初，每枚国际价格突破了 3000 美元。9 月份，中国人民银行联合国家多部委发布了《关于防范代币发行融资风险的公告》，关闭了比特币的兑换业务。许多国家也对比特币采取了严加监管的措施。面对各种打压，比特币仍一度冲高至每枚 20000 美元的价位；而后因多种原因，比特币的价格又一路下滑。至 2018 年底，仍维持在每枚 3000 美元左右。

比特币像是一只打不死的小强，激起了许多人的关注，区块链也成了热门话题。 比特币是区块链技术的产物，人们从比特币知道了区块链。 我也想大体弄清比特币与区块链基本概念，便向自己熟悉的专家中国人民银行原营业管理部主任周学东请教。 他给我寄来了两本关于区块链技术的书籍，一本是美国学者阿尔文德·纳拉亚南、约什·贝努、爱德华·费尔顿等人合著的《区块链：技术驱动金融》，一本是中国专家徐明星、刘勇、段新星、郭大治合著的《区块链：重塑经济与世界》。 这两本书为我掀开了比特币、区块链技术的神秘面纱，使我对比特币、区块链技术等有了一个初步的了解，再一次感受到科技创新给世界与经济带来的革命性变革。

比　特　币

认识区块链，必须从比特币开始。 比特币是区块链技术开出的第一朵美艳鲜花。 2008 年 11 月 1 日深夜，一个名为中本聪的日裔美国人在一个隐秘的密码学讨论组上发送了一封电子邮件，通过这份电子邮件发表了《比特币：一种点对点的电子现金系统》的论文，这篇论文勾画了一个"完全通过点对点技术实现的电子现金系统"的基本框架。 2009 年 1 月，中本聪按照这个基本框架建立了一个开放源代码的项目，标志着比特币的诞生。 几乎同时，中本聪在位于芬兰赫尔辛基的一个小型服务器上挖出了第一批 50 个比特币。 比特币真正降临人间。 中本聪是一个神秘人物，曾长期替军方从事保密工作。 在比特币起来之后，他就隐匿不见了，有点神龙见首不见尾的意思。

比特币标志

2010 年 5 月,美国佛罗里达州的一个电脑程序员用 1 万枚比特币购买了价值 25 美元的比萨优惠券,成为了比特币的第一次交易。 这次交易的价格是 1 比特币等于 0.0025 美元。 从此以后,比特币逐步为世人熟悉,比特币的价值也逐渐一路上升。 2011 年 2 月,比特币的价格首次达到 1 美元。 2011 年 6 月,比特币中国交易平台正式上线。 8 月,第一次比特币国际会议在美国纽约召开,当时比特币的价格为 11 美元。 2013 年 4 月,比特币的价格突破 100 美元大关,达到了 110 美元。 2013 年 11 月,比特币交易价格创历史新高,1 比特币达到了 1242 美元。 这时黄金的价格为每盎司 1241.98 美元,比特币价格首次超过了黄金的价格。 从 2017 年开始,比特币的价格涨势曾一度异常的迅猛。

比特币是一种 P2P 形式的数字货币或准数字货币。 它不是由特定的货币机构发行,而是依据特定算法,通过大量计算而产生的数字货币。 比特币的本质是一个复杂算法方程组所产生的特解。 所谓特解是指一个方程组所能得到的无限或有限的解中的一组。 比特币算法方程组被设计成有 2100 万个特解,因此比特币总数的上限就是 2100 万个。 比特币作为一种数字货币,最重要的特征是去中心化,比特币的世界没有中央银行,整个网络由用户构成,去中心化是比特币安全与自由的保障。 比特币能够在全世界流通,作为一种分布式的虚拟货币,用户可以在任何一台接入互联网的电脑上操控,任何人都可以在网络上挖掘、购买、出售或兑现比特币。 比特币具有专属所有权,操控比特币需要私钥,除了用户自己之外,无人可以获取。 比特币的这些重要特征得到了越来越多人的认可,一些国家也一度放宽了对比特币的管制。 比特币在许多国家可以兑现,并成为支付手段。 比特币价值的逐渐走高,激起了许多人的追捧。 但正是比特币的这种私密性,成为了一些人逃避监管、隐匿财富的一个渠道。 许多国家的金融监管机构开始对比特币提高警惕,并采取了相应的管制措施。 比特币的未来,最终取决于各国金融监管机构的宽容态度。

获得比特币的途径,除了市场交易购买之外,就是经过"挖矿"取得。 所谓挖矿,是通过运算计算出一个满足规则的随机数,争夺每

10 分钟一次的比特币记账权，并按照规则获取一定的比特币奖赏。从事挖矿的人自称"矿工"，挖矿用的计算机叫作"矿机"。 比特币价格的持续上涨，导致挖矿人数增加，挖矿水平增强，市场竞争愈加激烈。 从趋势来讲，挖矿的难度会逐渐增加，比特币奖赏的数量会逐渐减少。 大约至 2140 年，世界上被挖出的比特币将接近 2100 万个。据报道，全球 70% 的比特币"挖矿"和交易曾在中国境内。 为了降低挖矿成本，这些挖矿工厂一般安置在水电资源比较丰富的四川、内蒙古等地，甚至根据水电的丰枯周期，逐电而居。

区 块 链

区块链是比特币的底层技术和基础架构。 2008 年 11 月，在中本聪最初的论文中，"区块"和"链"两个词是分开使用的。 随着对这一新技术认识的逐步加深，区块链成为了一个流行的专属技术名词。最初比特币的区块链基础协议非常简单：通过盖时间戳，各方一同记账、一同公证，每 10 分钟确认一次，形成全网这 10 分钟所有确认的一个账本数据区块，一个个合法区块组成一串长长的链条，形成了分布式并有共识的账本数据库，这就是比特币的区块链。 区块＋链的结构提供了一个数据库的完整历史，从第一个区块开始，到最新产生的区块为止，区块链上存储了系统全部的历史数据。 迄今为止，比特币仍是区块链技术最成功的一个应用案例。 比特币的不断续存与发展证明了区块链技术的可靠性，人们逐渐对区块链技术刮目相看。

现在来看，区块链技术是点对点通信技术和加密技术的一种结合。 基于区块链技术生成的区块链本质上是一个去中心化的分布式数据库。 在这个数据库的基础上可以开发出各种各样的应用，这些应用通过协议层面建立共识机制以实现各种功能。 从这个意义上讲，区块链技术在本质上是一种互联网协议，即在网络中传递和管理区块链信息的格式与规则。 在互联网协议中，最基础的协议是 TCP/IP 协议，这是国际互联网的基础。 区块链则是建立在 TCP/IP 协议基础之上的一种专属协议。 TCP/IP 协议使得信息可以在互联网上自由地传递，而区块链技术将实现价值信息的安全公正传递。 从趋势来看，区块链技术很可能发展成为下一代全球信用认证和价值互联网的基础协议之一。

区块链技术的核心思想是去中心化。 数据的传输不再依赖某个中心节点，而是 P2P 的直接传输，全网络的每一个节点都依据共识开源协议，自由安全地传输数据。 所有交易记录是对全网络公开的，每一个节点都可以备份。 没有中心的本质就是人人都是中心。 在比特币区块链中，这种交易记录权利是市场公开竞争取得的。 区块链最大的颠覆性在于信用的建立。 在经常性的社会活动中，信用资源往往需要权威机构或第三方机构认证，这种方式通常会增加交易的成本。 区块链系统本身能够产生信用，这种信用来自区块链的算法程序。 因为区块链记录信息的产生需要全网络节点的确认，一旦生成便永久记录，信息不能被随意篡改，而只有当算力达到全网络总和的 51% 时才可能修改已经被记录的信息，这几乎是不可能的。

这些年，区块链技术不断发展。 一般认为，区块链技术的发展经历了所谓区块链 1.0 技术、2.0 技术、3.0 技术三个阶段。 区块链 1.0 技术主要解决数字货币和支付手段的去中心化，以比特币为代表的各种数字货币、虚拟货币就是成功的案例。 区块链 2.0 技术被称为智能合约，主要用于注册、确认和转移各种不同类型的资产，被理解为区块链技术在其他金融领域的广泛运用，例如股票、债券、期货、贷款、抵押、产权等。 区块链 3.0 技术主要将区块链技术的应用领域扩展到金融领域之外，覆盖了社会生活的各个方面。 在各类社会活动中实现信息的自证明，而不再依靠某机构或第三方获得信任而建立信用，实现价值信息的共享。 区块链技术将在政府、司法、医疗、教育、文化、物流等各个领域得到广泛的应用，提高整个社会的运行效率。 可以说，未来社会是一个区块链技术大行其道的社会。

比特币和区块链的前景

自比特币诞生以来，运行基本稳定，尽管受追随者热捧和炒作，价格波动十分激烈，但迄今为止仍是最为成功的数字货币之一。 在一段时间内，全球大多数国家都曾不同程度地接受了比特币。 尽管有种种的限制，但在一些国家里，比特币或允许交易，或成为支付手段，甚至可以兑换全球的主要货币等。 比特币的成功启示了众多的追随者。 这些追随者利用区块链技术开发设计了以太坊、瑞波币、莱特币、玫德币、狗狗币、达世币、点点币、比特股、门罗币等一大批不同类型的数字货币。 据 2016 年不完全统计，世界上各种数字货币有 600 多种，从分文不值到估值上亿美元等。 比特币价格的激烈波动，也带动了这些数字货币的价格不同程度的上扬。

随着科学技术的进步，传统货币终将逐渐消失，数字货币将会得到逐渐普及，这是一个大势所趋。 2016 年初，中国人民银行成立了数字货币研究所。 央行专家从一开始，就将数字货币与比特币等划清了界线。 他们认为，比特币等背后缺乏强大的资产支撑，只能说是"准"或"类"货币，而称不上数字货币或虚拟货币，只有央行才有资格发行数字货币等。 现在，世界上主要国家的央行都在研究数字货币。 将来，央行如果发行数字货币，以国家信用作担保，具有了明显的合法性。 但是，政府主导的货币发行，无论是传统货币还是数字货币，都容易造成货币超发，导致货币的趋势性贬值，引发通货膨胀，最终导致世界性的金融危机。 以比特币为代表的数字货币，最大的特征是去中心化、全球流通、平等交易、发行总额恒定。 这一类数字货币的出现，为世人勾勒了一幅理想主义者的愿景：货币发行不再依赖于各国的央行，全球货币实现统一。 今天，我们仍不能判定未来全球统一的货币是否为比特币或类似的其他数字货币，但我始终坚信，这是未来世界货币发展的一个必然方向。

比特币的火爆导致了区块链技术的蓬勃兴起，毕竟以比特币为代表的数字货币都是以区块链作为底层技术的。最早闻风而动的是一批科技公司和金融机构，他们在区块链 2.0 技术开发方面投入了大量的资金和人才，获得了一批技术成果，在金融领域率先尝试区块链技术，并取得了较好的效果。区块链技术在银行业、保险业、证券业的支付清算、数字票据、交易证明、智能合约等方面都有许多应用的实例。区块链 2.0 技术的重点是智能合约，在网络建立智能合约机制，用程序代替合同，当约定的日期、条件一旦达成，程序会自动执行合约，金融活动由交换数据变成了交换代码。在非金融领域，区块链专家开发了区块链 3.0 技术，区块链技术的应用范围不断得到拓展。区块链技术去中心化、不可篡改又具有高透明度的技术特点已被发现能够在多个领域展开应用，区块链技术在大数据时代有着广阔的发展天地。具体来讲，在身份验证、存在性证明、个人医疗档案管理、艺术品数字认证、在线音乐、社会档案保存、政务管理、慈善捐助、物联网、电子商务等方面都有运用十分成功的案例。

一场意义深远的区块链革命正在悄然展开，通过区块链技术重新配置公共资源，提高政府效率，节约社会成本，让财税惠及更多的人，最终过渡到充分自治的经济形态。

人工智能时代的物联网

> 未来就是一个无中心、无边界的联接世界，人和物体是一个小点，其他都是管道。互联网已经如"病毒"一样，渗透到了我们每一个人日常生活的方方面面，渗入我们的精神与灵魂。
>
> ——凯文·凯利《失控》

不知道从什么时候开始，许多年轻人到了一个新的地方，第一件事情就是询问有没有无线网络（Wi-Fi）、无线网络的密码是什么，然后将手机或 iPad 等连上无线网络。 手机或 iPad 连上了无线网络就连上了互联网，连上了互联网就连上了全世界。 无论你是习惯使用微信还是其他即时通信软件，你都可以在任何时候与世界上任何地方的任何人聊天、语音通信甚至相互视频交流等。 趣味相投的人建立了各式各样的群，形成了广大的朋友圈。 大家在一起交流情感，互通信息，聊尽天下事，倾诉不了情。 互联网把全世界的人联系到一起，这是过去所无法想象的事情。

现在，互联网的触角不仅伸向了人的世界，也伸向了物的世界。技术人员给各种物体按上电子标签，在各种场景里装上了传感器，让各种物体"活"起来，将人的世界与物的世界实现了互联互通。 在这个人与物联通的世界里，你可以通过手机的 APP 远程察看家中的场景，拉上窗帘，打开空调，甚至操作厨房电饭煲准备好香喷喷的午饭。 你也可以通过手机的 APP 给苗圃的花木喷水施肥，给鱼塘的鱼儿喂食与增氧，察看工厂里流水线运行的状态，甚至指挥无人机迅速起飞，调整镜头看尽天下风云。 这一切都源自一项神奇的新技术——物联网技术。

万物联天下

说起来，信息产业是第三次工业技术革命的产物，而信息产业的发展大体经历了三次发展浪潮。 第一次发展浪潮是 PC 机时代，个人计算机成为信息处理的大众工具；第二次发展浪潮是互联网时代，互联网成为全球最大的信息平台；第三次发展浪潮是物联网时代，物联网将网络延伸到物体的世界。

1995 年，微软创始人比尔·盖茨出版了《未来之路》一书。 在书中，比尔·盖茨提出物-物互联的设想，描绘了信息高速公路向世界每一个角落延伸的广阔前景，被认为是物联网思想的一个发端。 2005年，国际信息联盟（ITU）发布了《ITU 互联网报告 2005：物联网》，该报告全面探讨了物联网技术及对全球商业和个人生活的影响，意味着正式拉开了物联网发展的大幕。 2008 年，美国 IBM 公司首席执行官萨缪尔·帕米沙诺（中文名：彭明盛）提出了"智慧地球"的概念，深入阐述了物联网技术在全球的发展前景。 美国前总统奥巴马对智慧地球的构想给予了积极回应。 2009 年，时任中国国务院总理温家宝在无锡视察时提出"要在激烈的国际竞争中，迅速建立中国的传感信息中心或感知中国中心"。 2010 年,物联网被作为中国五大新兴战略产业之一写入了当年的《政府工作报告》,物联网产业在中国随即蓬勃兴起。

物联网,英文为 The Internet of Things,意为把所有物体通过网络连接起来,实现任何物体、任何人、任何时间、任何地点的智能化识别、信息交换与管理,体现了"智慧"和"泛在网络"的意思。 国际电信联盟(ITU)的物联网定义比较具有技术特点:物联网主要解决物体到物体(T2T)、人到物体(H2T)、人到人(H2H)之间的互联。 欧盟的物联网定义比较富于诗意:物联网是互联网从虚拟世界向实体世界的延伸。 物联网更为完整的定义应该为:通过射频识别(PFID)、红外感应器、全球定位系统、激光扫描器等信息传感设备,按照约定的协议,将任何物体通过有线或无线方式与互联网连接,进行通信和信息交换,以实现智能化识别、定位、跟踪、监控和管理的一种网络。

从整体来讲,物联网分为三个层次,分别为感知层、网络层和应用层。 感知层通过各种类型的读写器、传感器实现物体数据的实时采集与感知;网络层通过各种协议将读写器、传感器采集的数据以有线或无线的方式传送给计算机;应用层由计算机对读写器、传感器采集的数据进行实时分析处理,及时下达各种指令,对感知的物体进行智能管理。 物联网通过这三个层次的特定功能,对所连接的物体进行全面感知、可靠传递、智能处理,让所有被感知的物体都"活"起来,通过互联网传达信息,听从统一管理。

物联网是一门实践性很强的应用技术,物联网的发展有赖于技术创新和应用创新,在应用示范中不断拓展物联网的发展领域。 目前,物联网在智慧交通、安防反恐、能源电力、物流零售、节能环保、建筑家居、医疗健康、金融保险、智能工农业、市政管理等方面都有着十分成功的应用示范。 美国著名社会学家杰里米·里夫金在《零边际成本社会》一书中说:"作为历史上首次智能基础设施革命,新兴的物联网很可能会推动生产力的巨大飞跃。"

让"物"活起来

物联网是互联网向物体世界的延伸。从本质上讲，互联网与物联网都是采用数据分组网作为承载网，两者的技术基础大体相同。但是，两者的覆盖范围不同，终端接入状态不同，数据采集方式不同。互联网因人而生，物联网为物而生。物不会表达，也无法交流，因此需要"感知"。由此而言，物联网的实现比互联网的技术要求更为复杂。从信息的进化上讲，从人的互联到物的互联是一种自然的递进，互联网和物联网都是人类智慧的物化，人的智慧对自然界的影响才是信息化进程的本质原因。

物联网的对象是物，首先是要给物联网中运行的每一个物体一个身份。在互联网时代，在网络上运行的每一台计算机都有一个 IP 地址。IP 地址具有唯一性，在网络世界中代表着计算机的身份。现在的 IP 协议是第四版，简称 IPv4。IPv4 最大的问题是网络地址资源有限，物联网需要更多的网络地址，因此 IPv6 应运而生。2012 年 6 月 6 日，国际互联网协会正式启动 IPv6。IPv6 具有丰富的网络地址资源，号称可以给世界上每一粒沙子都按上一个编码，也解决了多种接入设备连接网络的障碍。目前，IPv4 与 IPv6 有一个逐步过渡融合的过程。

物联网中的每一个物体都能够分配到一个 IP 地址，以代表物体的身份；而物体 IP 地址的生成与表达涉及物联网的一项核心技术——RFID，即射频识别技术。射频识别技术通过射频信号自动识别目标对象，并对其信息进行标志、登记、存储和管理。RFID 系统一般由三个部分组成：电子标签、读写器和天线。电子标签由芯片和标签天线或线圈组成，通过电感耦合或电磁反射原理与读卡器进行通信。读写器是读取（在读写卡中还可以写入）电子标签信息的设备。天线可以内置在读写器中，也可以通过同轴电缆与读写器天线接口相连。射频识别技术在现代商业物流企业中已经得到了广泛运用。

在物联网技术的实际运用中，许多物体不仅涉及身份的表达，还需要采集多种数据，这就产生了物联网的又一项核心技术：传感器。传感器是能感知所需要的测量信息并按照要求转换成可用信号的器件或装置，代表了物体的"五官"。传感器通常有敏感元件和转换元件组成。传感器的敏感元件能够感知环境中的声、光、温度、湿度、气味及大气、水体的化学成分等。传感器有物理传感器、化学传感器和生物传感器等；按输出信号可分为模拟式传感器、数字式传感器；按传送方式可分为有线传感器和无线传感器。无线传感器能组成无线传感器网络（WSN）。它是由部署在监测区域内大量微型传感器节点组成，通过无线通信方式形成的一个多跳的自组织网络系统，目的是协同感知、采集和处理网络覆盖区域中被感知对象的信息，并发送给管理应用层。

读写器、传感器生成的大量物体信息通过网络层都传输汇聚到管理应用层。管理应用层主要解决数据的存储（数据库与海量存储技术）、检索（搜索引擎）、分析（数据挖掘与机器学习）、保护（数据安全与隐私保护）等，重点是把这些技术有机整合到一个应用系统架构之内，形成物联网的管理平台，对物体实现智能化管理。这时，物体不仅有了"五官"，也有了"大脑"，物体才真正"活"了起来。物体是否"活"得精彩、"活"出智慧，管理应用层的软件架构和算法模型非常重要，所谓智慧交通、智慧城市、智慧金融、智慧制造、智慧农业等，智慧就是出自这一层。物联网丰富的内涵势必催生出更加精彩纷呈的外延应用。

愈联愈精彩

物联网被视为互联网的应用拓展，物联网的生命在于应用创新。应用创新是物联网发展的核心，以用户体验为主的创新应用是物联网发展的灵魂。 物联网的示范应用带动了技术创新，技术创新反过来推动物联网应用示范向着更广阔的领域蓬勃发展。

这些年来，物联网的发展积累了许多成功的示范应用典型。 这些示范应用主要表现在三个方面：一是公共服务方面，主要有自然灾害监测与预防、环境监测与预警、智慧交通、智慧城市、公共设施管理与安保警卫等；二是企业服务方面，主要有商业物流管理、智能制造、智慧农业、智慧金融、智能电力能源管理等；三是个人与家庭服务方面，主要有智慧家居、智能医疗护理、智能影视、智能游戏娱乐等。 2017 年 1 月，国家工信部发布了《物联网发展规划（2016 —2020）》，该规划提出，在"十三五"期间，我国物联网重点领域示范工程为智能制造、智慧农业、智能家居、智能交通和车联网、智慧医疗和健康养老、智能节能环保等六个方面，大力发展物联网应用和技术，加快构建具有国际竞争力的产业体系，深化物联网与经济社会融合发展，支撑制造强国和网络强国建设。

两年前，我考察了江苏的海澜集团总部，在总部楼下的一个海澜之家旗舰店内，海澜集团副总裁江南告诉我："海澜集团出品的每一件服装上都有一个电子标签。 每一件服装从成品出厂到物流储运、从商店陈列到售出售后都有详细的记录；甚至某一件服装被顾客拿去试

海澜之家智能仓库

衣间试穿了几次，也都有信息反映，计算机能从海量数据中分析出当前的流行趋势。"我问他："一个电子标签大约多少成本？"他说："最初要 3 元左右，现在只要不到 0.5 元，这个成本是非常值得的。"

早一些时候，我参观了苏北农村的几家水产养殖场。这些水产养殖场的水体里都安装了溶氧传感器，一旦水体中的含氧量低于标准值，传感器立即启动增氧设备进行增氧。养殖场的场长告诉我："这些设备不要花多少钱，但能使水产养殖从由抢救性增氧转变为营养性增氧，水体更加健康，养殖产量也有明显提高。"我了解到，现在许多规模养殖场都采用了物联网技术，给鱼塘装了传感器，给饲养的猪、牛、羊等打了电子耳标，实现了养殖智能化，家禽水产和牲畜健康生长，也减少了抗生素的使用，使肉类产品更加安全。

目前，物联网技术的应用发展很快，许多应用项目都十分成功。特别是在人工智能技术日益成熟的大背景下，物联网与人工智能技术相融合，取得了令人鼓舞的成绩。物联网技术与人工智能技术融合发展逐渐成为一种趋势，物联网成为了人工智能的感官，人工智能成为了物联网的大脑，两者珠联璧合，相得益彰。但是，现在这种融合发展仅体现在单个区域、单个行业、单个企业甚至单个项目层面。进一步发挥物联网的优势，必须把这些单个项目互联起来，实现大数据共享，真正开创"一个物联网、合作共赢的新经济时代"。

正如著名经济学家杰里夫·里夫金在《零边际成本社会》一书中所描绘：物联网把这个世界中的所有人和物都连接了起来，而物联网联接的各种传感器将人类的经济活动、社会活动产生的各种数据都汇集起来，经过智能化的大数据分析，又反馈到经济与社会活动中去，可以大幅度提高人类的经济效率、社会效率，从而创造一个他称为"零边际成本的社会"。在实际上，这就是一个"智慧地球"的概念，让地球上所有的物与人一样活起来，一样充满智慧，更好地为人类服务，更好地为人类社会的发展服务，这自然是物联网未来发展的一个理想境界。

智能医疗:从"达·芬奇"到"沃森"

> 今天已经可以通过血液检测就知道你是否属于乳腺癌或卵巢癌的易感人群,然后便可采取行动。生活充满无数的挑战,唯有那些我们能够承受和掌控的挑战,才不会让我们心生恐惧。
>
> ——安吉丽娜·朱莉(美国演员)

科学与技术,在这个世界上具有无比强大的力量。 对许多国家来说,先进的科学与技术可能优先用于国防建设,因为国家安全是和平发展的基础,这也无可厚非。 对社会大众来说,先进的科学与技术必须优先用于医疗事业,因为人的生命与健康是最为宝贵的,值得每一个人无比珍视。

现代科学与技术的发展,最引人注目的是人工智能。 进入新世纪以来,人工智能发展迅速,正在大踏步地向各个领域迈进,日益成为引领现代科技发展的一股宏大潮流。 人工智能与现代医学相结合,出现了许多令人欣喜的变化。 前不久,我曾与一些医学专家和人工智能方面的学者一起考察了东部战区总医院、南京鼓楼医院达·芬奇手术机器人手术现场,观看了扬州苏北人民医院的沃森肿瘤专家系统的操作演示,亲身感受人工智能技术发展带来的医疗革命,与大家一起畅谈未来智能医疗的发展前景,令我深受鼓舞。

达·芬奇手术机器人

达·芬奇手术机器人又称"内窥镜手术器械控制系统",这是目前为止全球最成功及应用最广泛的手术机器人。 达·芬奇手术机器人由总部位于美国加利福尼亚州阳光谷的直觉手术机器人公司制造,研发过程中得到了美国 IBM 公司、麻省理工学院等的帮助。 1996 年,直觉手术机器人公司推出第一代达·芬奇手术机器人;2014 年,该公司推出了第四代达·芬奇手术机器人。 第四代达·芬奇手术机器人在灵活度、精准度、成像清晰度等方面都有了质的提高。

达·芬奇手术机器人主要由三个部分组成:医生操作控制系统,三维成像视频影视系统,机械臂、摄像臂和各种器械组成的手术平台。 实施手术时,主刀医生不与病人直接接触,通过三维视觉系统和动作定标系统进行操作控制,由机械臂以及手术器械模拟完成医生的技术动作和手术操作。 目前,达·芬奇手术机器人广泛适用于普外科、泌尿科、心血管外科、胸外科、妇科、五官科、小儿外科等。 截至 2016 年上半年,达·芬奇手术机器人在全球累计安装了 3745 台,其中美国安装 2474 台,美国之外地区安装 1271 台。 达·芬奇手术机器人已在全球完成手术约 300 万病例。 无论是机器的安装进度,还是手术完成的病例,都呈现出较快增长的态势。

至 2018 年,江苏省共引进 4 台达·芬奇手术机器人,分别是东部战区总医院、南京鼓楼医院、江苏省人民医院和中大医院,而正在引进或准备引进的医院还有一大批。 2010 年 5 月，东部战区总医院率先引进了第二代达·芬奇手术机器人，广泛应用于多个手术科室，培养了一批熟悉机器操作的外科医生。 到 2018 年底，该机器人共完成各种手术 2180 余病例。 2014 年 9 月，南京鼓楼医院引进了第三代达·芬奇手术机器人。 自达·芬奇手术机器人引进以来，南京鼓楼医院加快人才培养，机器人手术类型从泌尿外科逐渐拓展到普外科、妇科、五官科、胸外科等。 截至 2018 年底，该机器人共完成各种手术 1490 余病例。

在南京鼓楼医院的手术室，我们穿上经过消毒的手术防护衣，现场参观了达·芬奇手术机器人的手术过程。 这是一例腹部外科手术，主刀医生坐在操控台前，通过三维高清内窥镜观察手术情况，双手操作 2 个主控制器来指挥机器人的多个机械臂；在主刀医生操控台的不远处，病人静静地躺在手术台上，旁边站立着有多个机械臂组成的手术机器人；机械臂在病人腹部打了若干微孔，机械臂从微孔进入病人腹部，并给病人腹腔适当充气，使腹腔略微鼓起，方便机械臂进行手术操作；在机器人的上方，悬挂着一台高清显示屏，清晰显示了病人腹腔内机械臂手术的状况。 整个手术，悄无声息地在病人腹腔内进行。 病人安静地躺在手术台上，腹部只是插了几个机械臂，看不到通常手术那种血肉模糊的场景。

达·芬奇手术机器人在从事腹部手术

东部战区总医院的麻醉科副主任医师张利东告诉我们："达·芬奇手术机器人做手术，操作更精确，创口更微小，有利于病人的术后恢复。"他以胸腺肿瘤切除手术为例，普通手术需要打开胸骨，住院10天时间，恢复需要约3个月时间；而运用达·芬奇机器人手术，仅需要在病人胸部开4个小孔，手术后住院3天时间，恢复仅需要1周左右。机器人手术对病人有利，医生也很欢迎。南京鼓楼医院泌尿外科主任医师郭宏骞说："手术机器人传递的三维立体图像可以放大10倍至15倍，解剖结构非常清楚，手术操作更加精准。过去一些风险极高的手术，现在医生可以轻松完成。过去外科医生往往一站就是一天，现在通过机器人协助，医生坐着做手术，疲劳大大减轻，手术效率大大提高。"郭宏骞医生感叹道：一旦外科医生熟悉了机器人手术辅助系统，就再也离不开机器人了！现在，医院里的年轻外科医生都争着学习运用达·芬奇机器人做手术。东部战区总医院、南京鼓楼医院两台达·芬奇手术机器人的手术量基本上都安排得满满的。

沃森肿瘤专家系统

在扬州的苏北人民医院，我们看到了大名鼎鼎的沃森肿瘤专家系统。沃森是由美国IBM公司开发的具有人工智能技术的超级计算机系统，具备自然语言分析、自我学习能力、自建模能力等。2011年，沃森超级计算机系统在美国电视台一档智力问答的综艺节目——"危机边缘"中击败了全美金牌选手，使得人们对沃森刮目相看。2014年，IBM投资10亿美元，成立了IBM沃森集团，拟将人工智能推向广泛的商业领域。IBM沃森集团旗下从事人工智能医疗开发的部门名为沃森健康。沃森健康的第一个项目就是与美国德州大学安德森癌症中心合作，研制人工智能癌症诊疗专家系统，后又有多家医疗机构加入，联合开发癌症诊疗的智能专家系统，称为沃森肿瘤专家系统。

沃森肿瘤专家系统具有强大的认知计算能力，经过几年训练，该系统掌握了美国 44 家医疗机构癌症治疗的临床案例、300 多种世界级肿瘤期刊文献、200 多本专业肿瘤著作及 1500 万页肿瘤论文研究数据等，能够针对肿瘤患者的状况，帮助分析病情，并根据全球最新、最权威的肿瘤临床研究成果，为患者提供精准、规范、个性化的治疗建议。更为神奇的是，沃森每秒能处理 5000 亿字节（500 GB）的数据，几秒之内能筛选 150 万份患者记录，17 秒能阅读 10 万份临床报告，具有持续深度学习能力。沃森的版本大约每 3 个月升级一次，功能一天比一天强大。

2017 年 4 月 12 日，杭州认知科技公司与苏北人民医院合作，引进了沃森肿瘤专家系统。在苏北人民医院的诊疗室里，我们见证了沃森的诊疗演示。医生将一名肿瘤患者的基本情况逐项输入沃森肿瘤专家系统，该系统通过网络连接到位于美国的沃森主机，经过沃森主机的快速运算，几分钟内便给出了治疗建议方案。治疗建议方案分为三个部分：（1）推荐治疗方案；（2）慎重考虑治疗方案；（3）不推荐治疗方案。每一种治疗方案都有详细的建议理由、参考文献及注意事项等。建议书一般有 60 页至 100 页，均为英文文本，内容十分详尽。据医院领导介绍，该院已经运用沃森系统诊断了数百个病例，沃森给出的诊疗建议具有很高的参考价值，增强了医生和患者战胜癌症的信心。苏北人民医院刚开始运用沃森肿瘤专家系统，所有的患者都是免费予以诊疗。据了解，外地开展的沃森诊疗收费一般为每例 2500元，受到了绝大多数患者的欢迎。

沃森健康在开发肿瘤专家系统的基础上，在智能医学影像系统开发方面也取得了积极进展。前些年，IBM 公司花巨资收购了美国几家知名的医学影像软件公司，并与旗下的沃森健康部门合并，以增强沃森健康的医学影像认知和分析能力。所谓医学影像的认知计算，就是发挥计算机的大数据功能，通过对医学影像的大数据分析，发现医学影像的数据规律，把非结构数据结构化，建立结构化的医学影像数据仓库，运用数学建模，最终形成医学影像数据分析与认知能力。许多医学专家反映，现代医疗疾病诊断大量涉及医学影像诊断。医疗数据中超过 90% 的数据量来自医学影像。医生在诊断时，需要对这些医学影像数据进行分析识别,花费了医生许多精力。如果能够运用人工智能技术分析医学影像,并将医学影像数据与医学文本记录进行交叉对比,便能够极大地降低医学诊断上的失误,帮助医生精准诊断,挽救患者生命。沃森健康正在建立沃森医学影像评估系统,这是一个基于医学影像认知计算的解决方案。沃森医学影像评估系统可以筛选 B超、X 光和其他医疗影像数据,既可以将医学影像数据录入病例,又可以协助医生提出辅助医疗建议。从实践来看,沃森医学影像评估系统已经在心血管疾病、皮肤癌医学影像诊断方面取得了成功的病例。一般来说,一名经验丰富的医生识别并分析一张三维医学影像,如病理切片等,大约需要花费几分钟甚至十几分钟,而经过深度学习训练的人工智能系统只要花费几十秒就可以精准识别并作出分析判断。人工智能的医学影像评估系统具备海量影像大数据的存储功能,并经大数据分析建立结构化的数据仓库,在特定专业算法的训练下不断提升认知和分析能力,这是单个医生无法与之比拟的。

智能医疗的未来发展

智能医疗方兴未艾,达·芬奇手术机器人属于偏硬件的智能系统,沃森肿瘤专家系统属于偏软件的智能系统,还有其他种类的智能医疗设备,它们都显示出十分广阔的发展前景。从发展的趋势来看,智能医疗与基因技术、物联网技术、个人移动终端相结合,将催生出一场新的医疗革命。正如美国心血管专家埃里克·托普在《未来医疗》一书中强调:"医疗正在经历着有史以来最彻底的变革,人工智能与机器学习完美结合,是未来医疗发展的必然方向,我们将看到医疗领域全新的图景。"

按照《未来医疗》书中的描述,未来医疗的基础是建立个人医疗数据信息系统(GIS)。首先,通过各种可穿戴设备和智能手机等,对每一个人的血压、心律、呼吸频率、血氧、心率变异性、心搏量、皮肤电反应、体温、眼压、血糖、脑电波、颅内压、肌肉运动及其他生理指标进行定时或全天候监控，发现异常情况后可以经医院做磁共振成像、计算机断层扫描（CT）、超声波等进一步检查。这些监测和检查数据，加上个人基因测序资料和电子病历等，构成了每一个人的医疗数据信息系统。从理论上讲，个人医疗数据信息归个人所有，个人有权进行处置，包括决定提供给某位医生为自己健康与疾病作诊断，甚至信息社会共享等。

在未来社会，每一个人都可以在充分掌握自己医疗数据信息的基础上，尝试对个人健康状况作出评估，有针对性地做好疾病预防，开展常见病、慢性病的基础治疗与管理。所谓"我的健康我做主"，每一个人都可以成为管理自己健康的主人。个人缺乏医疗与健康基础知识的，可以通过网络"慕课"（MOOC），即大规模开放的在线课程进行适当培训。我本人是一个糖尿病患者，我定时掌握自己的血糖数据，并对糖尿病药物与治疗方法有较多的了解。我以为，个人充分掌握自己的医疗数据信息和适当的医疗健康知识，可以做到防重于治，通过饮食、休养、运动和慢病管理，始终保持身体的健康状态，大幅度提高每一个人的医疗健康水平。

在一个被埃里克·托普称作"医疗民主"的时代，个人的医疗与健康保障会有更多的选择。个人可以通过社会医疗保障享受最基础的医疗服务，也可以通过医疗商业保险或医疗商业服务机构选择个性化的医疗服务，例如定期作个人体质检查，签约网络医生作为个人或家庭的健康顾问、某些疾病的医院治疗等。在未来社会，大量的常见病、慢性病都可以通过手机应用程序（APP）或电脑进行网络远程诊断。通过 APP 进行网络远程问诊，既可以选择专业的医生，也可以选择类似沃森等的人工智能专家系统，相信一样能够提供十分专业的医疗服务。

未来医院的病房大多数将设在病人的家中，病人的卧室变成未来的病房。在病人家中的卧室内，生物传感器可以记录患者的生命体征及生理指标，小型移动检查设备和智能手机附加件可以进行扫描检查，智能手机还可以帮助患者与医生进行沟通，家庭监控系统可以监测病人状况、提醒病人服药、呼叫救护车等。 未来的医院可以不直接接触病人，数据监控中心的工作人员经过培训担当"住院医生"的角色。 我曾在以色列参观过纳塔力公司的居家养老服务，基本上就是这个模式。 现在纳塔力公司的居家养老服务已经引入了国内，呈现良好的发展前景。

我们相信，未来的时代是智能的时代，智能时代的医疗将彻底颠覆现有的医院模式，从根本上改变医患的紧张关系，重构整个医疗生态系统，我们没有任何理由不向着这个充满光明的方向前进。

人类离战胜癌症还有多远？

> 人类的幸福只有在身体健康和精神安宁的基础
> 上，才能建立起来。

——罗伯特·欧文（英国社会学家）

中国已经进入老龄化社会。 按联合国标准，一个国家或地区 60 周岁以上的老年人口占到总人口的 10％，即为老龄化社会。 在 2005 年，中国 60 周岁以上的老年人口达到了 1.44 亿，占总人口的 11％，早已进入了老龄化社会。 2016 年，中国 60 周岁以上的老年人口达到了 2.3 亿，占总人口的 16.7％，成为了严重老龄化社会。 进入老龄化社会以后，老年人的健康状况成为全社会普遍关心的问题。 据医疗卫生部门统计，威胁中国老年人健康的主要是三大疾病，即心血管疾病、糖尿病和癌症。 在这三大疾病中，尤以癌症最为凶险，对老年人及其家属的摧残最为严重。

据中国国家癌症中心赫捷院士、全国肿瘤登记中心陈万年教授公布的报告，2015 年，中国约有 429.2 万例新发肿瘤病例，281.4 万死亡肿瘤病例；相当于平均每天新增 1.2 万癌症患者，7500 人死于癌症。其中，肺癌是发病率最高的癌症，居癌症死亡率之首；胃癌、食道癌和肝癌也是发病率和死亡率较高的常见癌症。面对如此恶疾，全世界的医学专家、白衣天使、药品研发人员和广大患者都联合起来，共同与病魔作斗争。我们每一个人，包括每一个健康的人都要了解这一场战争，认识癌症，预防癌症，并祝愿人类早日战胜癌症！

认 识 癌 症

战胜癌症，首先要认识癌症。癌症，英文称作 cancer，与巨蟹座是同一个单词。据说这个词源自古希腊，公元前 400 多年，被称为西医之父的古希腊著名医生希波克拉底在观察恶性肿瘤病例时，发现肿瘤中像螃蟹的腿一样伸出了许多血管，便用希腊语的螃蟹（caricinos）称呼这种病。在现代病理学上，肿瘤分为良性肿瘤和恶性肿瘤。癌症是指起源于上皮组织的恶性肿瘤，属于恶性肿瘤中最常见的一种；而起源于间叶组织（肌肉、血液、骨骼、结缔组织等）的恶性肿瘤称作为"肉瘤"。少数恶性肿瘤还有肾母细胞瘤、恶性畸胎瘤等。对一般人来说，癌症泛指所有的恶性肿瘤。

人体的疾病，除意外损伤之外，一般分为外源性疾病和内源性疾病。外源性疾病主要是指细菌、病毒等外来因素导致的疾病。内源性疾病主要是指人体机能失调或下降引起的疾病。恶性肿瘤属于一种内源性疾病。人体产生肿瘤是机体在各种致瘤因素作用下，局部组织的细胞在基因水平上失去正常的调控导致异常增生或分化而形成的非正常组织。这种非正常组织的生长不受正常机体的生理调节，破坏正常的组织与器官。恶性肿瘤生长速度快，常伴有远处转移，对人体脏器损害严重，最终造成患者死亡。

现代研究表明，恶性肿瘤就是一种基因病。各种因素促使人体内的正常细胞发生基因突变，导致了恶性肿瘤症状的发生。人们将导致恶性肿瘤发生基因变异的细胞统称为癌细胞，癌细胞的出现是产生癌症的病源。癌细胞与正常细胞不同，有无限增殖、可转化、易转移三大特点。癌细胞除了分裂失控之外，还会局部入侵周遭正常的组织甚至经体内循环系统或淋巴系统，进而转移到身体的其他部位，破坏正常的细胞组织，损害人体器官。癌细胞难以消灭，但心肌几乎不受癌症影响。

一个成年人大约有 40 万亿～60 万亿个体细胞，正常细胞分裂 50～60 次，人的一生要经历大量的细胞分裂次数。正常的细胞分裂都会随机出现部分基因突变，一般性的基因突变并不会导致癌细胞的发生，只有关键基因发生突变才致使癌细胞出现。这种关键基因一般有两类：一类叫作原癌基因，它是细胞内与细胞增殖相关的基因，当原癌基因的结构或调控部位发生变异时，会产生癌细胞；一类叫作抑癌基因，抑癌基因本是抑制细胞过度生长、遏制肿瘤发生的负调节基因，抑癌基因出现丢失或失活时，也会导致癌细胞发生。人体内偶尔出现的少量关键基因变异并不会引起实质性的变化，只有同一关键基因反复或大量出现变异才会导致肿瘤的发生。一般认为，人体内从产生癌细胞发展到临床症状明显的癌症，大约需要 20～30 年时间。人的年龄越大细胞分裂的次数越多，积累的突变也越多，加上免疫能力减弱，患病的概率就会增加。因此讲，癌症是一种老年性疾病。

人体细胞的正常分裂为何会导致基因的大量变异呢？从流行病学调查和临床观察分析，多数恶性肿瘤的发生与人的生活环境、行为习惯及遗传因素有关。因此讲，预防癌症，很重要的是远离各种化学（有机挥发物等）、物理（辐射和致癌材料等）、生物（霉变、腐败食品等）污染，养成健康的生活习惯，注意膳食均衡，适当进行锻炼，保持心情愉快和充足睡眠，重点是要努力增强自身的免疫能力。许多恶性肿瘤的原发部位存在着反复感染的病史，因此有病就要治疗，及时消除体内炎症。如果家族有癌症群体，有条件的可以做一个基因检测，可以更积极地采取有效的预防措施。

与 癌 抗 争

  人类认识癌症有数千年的历史，最早的记录可以追溯到公元前2625年，古埃及名医印和阗记载："乳房鼓起的肿块，又硬又凉，且密实如河曼果，潜伏在皮肤下蔓延。"在"治疗"项下又写道："没有治疗方法。"公元前440年左右，古希腊历史学家希罗多德在《历史》一书中记载了皇后阿托莎患乳腺癌的故事。公元前168年，古罗马名医盖伦曾对肿瘤的诱因做过推断，认为"黑胆汁系统性过量，被困的忧郁最终爆发为肿瘤"。中国的中医也有"气滞血瘀，郁结成瘤"的说法。但在那个年代，人们显然无法治愈癌症。

  18世纪下半叶，工业革命爆发以后，科学技术飞速发展，医疗水平逐步提高，使人类增强了与癌抗争的勇气。1882年，美国外科医生威廉·霍尔斯特德首次采用根治性乳房切除术治疗乳腺癌，手术直接切除恶性肿瘤逐渐成为一种常规的治疗方法。1895年，德国物理学家伦琴教授发现了X射线。1898年，居里夫妇发现了放射性元素镭和钋。1899年，第一例皮肤癌放射治疗治愈，放疗成为治疗癌症的一个重要手段。1937年，美国成立了国家癌症研究所，加强对防治癌症的科学研究。1947，美国儿童医生西德尼·法伯使用抗代谢药氨蝶呤（一种叶酸衍生物）治疗儿童急性白血病。1949年，美国食品药物管理局（FDA）批准用氮芥治疗癌症，化疗成为治疗癌症的又一个重要手段。时至今日，手术切除恶性肿瘤并配合放疗或化疗仍是治疗癌症最常见的方法。

  癌症的手术切除并配合放疗或化疗有一定的效果。但这种治疗方法对癌症患者自身损害较为严重。所谓杀敌一千自损八百。一旦癌症反扑，预后十分不良。人们一直在另辟蹊径寻找癌症治疗的新方法。早在1893年，美国纽约骨科医生威廉·科利发现，肉瘤病人手术切除后受到酿脓链球菌感染，意外地导致患者的癌症消失，由此开启了癌症免疫疗法的大门。1958年，澳大利亚免疫学家伯内特提出了

"免疫监视理论"，认为人的机体中经常会出现突变的肿瘤细胞，但这些细胞可被免疫系统所识别并清除，为癌症免疫疗法奠定了理论基础。 1984年，美国国家癌症研究所罗森伯格团队成功地用高剂量白细胞介素-2治愈了一位晚期转移性黑色素瘤患者，成为免疫疗法治愈的癌症患者第一人。 1992年，美国FDA批准白细胞介素-2作为治疗成人转移性肾癌的药物。 1997年，瑞士罗氏公司研发的单克隆抗体药获批上市，用于治疗非霍奇金淋巴瘤。 随后越来越多的单克隆抗体药物走向临床。 2001年，瑞士诺华公司用于治疗BCR-ABL突变慢性白血病的格列维克批准上市，这是针对癌症突变的第一个特异靶向药。 2010年，美国FDA批准了一种肿瘤抗原加载的树突状细胞疫苗，作为首个治疗性肿瘤疫苗，适用于特定的前列腺癌，开创了癌症疫苗治疗的新时代。 2011年，诺贝尔医学奖共同授予了三位在免疫领域的科学家博伊特勒、霍夫曼、斯坦曼，表彰他们发现了免疫系统激活的关键原理，对肿瘤免疫治疗的发展具有重要意义。 2014年，美国百时美施贵宝公司和默克公司两款PD-1、PD-L1抑制剂相继在日本和美国获批。 2017年8月和10月，美国FDA先后批准了瑞士诺华公司和美国吉利德公司的CAR-T类疗法。 越来越多的好消息，让人们看到了癌症治愈的曙光。

战 胜 癌 症

我们现在知道，癌症是人体正常细胞发生基因突变引起的一种基因性疾病。 这种基因突变引发的癌症有三个重要的特点：（1）癌症基因突变的类型复杂，抗癌靶向药物针对特定的变异基因类型，治愈率通常比较低；（2）人体产生癌细胞的机理尚不完全清楚，原有的癌细胞杀死之后往往又会产生新的基因突变，有些癌症比较顽固；（3）癌细胞由正常细胞基因突变而来，与人体正常细胞十分相像，往往造成人体免疫系统失效。

现阶段治疗癌症的方法，除了传统的手术和放疗或化疗之外，主要有这样几个方面：

● 质子重离子治疗。 质子重离子治疗是利用质子或重离子射线治疗肿瘤的一种放疗手段。 质子是氢原子失去一个电子后的粒子。重离子是碳、氖、硅等原子量较大的原子失去一个或几个电子后的粒子。 质子和重离子同属于粒子射线，可以形成能量布拉格峰，对肿瘤进行集中爆破，既有效杀灭肿瘤细胞，又能最大限度保护健康组织。但质子重离子治疗并非适合所有肿瘤，治疗后也不能保证肿瘤不再复发。 2014 年 6 月，上海质子重离子医院投入运行。 截至 2016 年底，大约收治了 500 例质子重离子适症患者，平均每例患者治疗费用为 27.8万元，综合住院、检查等费用达 32 万元，全部为自费。

● 溶瘤病毒疗法。 20 世纪 40 年代，一位患宫颈癌的意大利妇女被狗咬后，注射了狂犬病疫苗，结果肿瘤不可思议地消失了。 因此诞生了"溶瘤病毒疗法"的新概念。 20 世纪 90 年代，医学研究人员获得了操作基因的工具，逐渐揭示了病毒攻击癌细胞的机制。 他们将天然或经过基因重组的病毒选择性感染癌细胞，通过病毒自身功能杀死并裂解癌细胞，破裂的癌细胞引起人体系统性免疫反应，引导人体免疫系统对其他癌细胞展开攻击。 2015 年 10 月，美国 FDA 批准安进公司首个溶瘤病毒制剂上市。 目前，多个溶瘤病毒制剂正在研发之中。

● 癌症疫苗。 疫苗通过失活的病原体引起动物的免疫反应。 癌症疫苗分为两种：一种是预防性疫苗，一种是治疗性疫苗。 现在批准的预防肝癌的乙肝病毒疫苗和预防宫颈癌的人乳头瘤病毒疫苗属于预防性疫苗，实质上是预防这两种病毒的疫苗。 这两种病毒导致肝癌、宫颈癌的发生，预防了这两种病毒，在某种程度上就是预防了这两种癌症。 现在批准的前列腺疫苗属于治疗性疫苗。 接种这种疫苗引起患者的免疫反应，一般在癌症发生以后防止癌症复发。

● 靶向药物治疗。 20 世纪 70 年代，致癌基因发现以后，研究人员尝试开发特异药物抑制癌症患者独有的致癌基因，这就是靶向药物。 现在，肿瘤分子靶向药物种类繁多，主要有小分子药物、细胞凋亡诱导药物、单克隆抗体药物等。 肿瘤靶向药物针对特定的癌症变异基因，选择靶向药物一般需要做基因检测，不同的变异基因选择不同类型的靶向药物。 靶向药物的主要的问题是耐药性，产生耐药性的原因往往是患者又产生新的突变基因，使原有的药物失效。

● 免疫疗法。 这是目前最热、也是前景最看好的一种癌症治疗方法。 肿瘤的免疫疗法是通过激活患者的免疫系统和破除肿瘤的免疫抑制，达到癌症的治疗效果。 从理论上讲，人体免疫系统激活后可以治疗多种癌症，强大的免疫系统可以抑制癌细胞生长，降低癌症的复发率。 免疫疗法主要有三种类型：一是主动免疫治疗，治疗性疫苗即属于这一类。 二是被动免疫治疗，将具有抗肿瘤活性的免疫细胞或制剂输给患者，CAR-T 疗法就属于这一类；CAR-T 疗法是从癌症病人身上提取免疫 T 细胞，经基因修饰以增强免疫功能后回输给病人。 三是非特异性免疫调节治疗，主要是破除肿瘤的免疫抑制功能，使人体的免疫功能正常发挥作用。 PD-1、PD-L1、CTLA4 抑制剂属于这一类。 肿瘤免疫疗法的效果受到患者肿瘤负荷、肿瘤微环境及机体免疫状况的影响。 在临床上，肿瘤免疫疗法通常与手术、放疗等相配合，增强免疫疗法的效应。 未来癌症治疗的希望，必然是基于免疫疗法为基础的多途径、多方式的联合治疗。

癌症作为人类的一种基因性疾病，现在所有的治疗方法都是立足清除人体内的突变特异基因。 人类彻底战胜癌症，必须最终控制人体特异突变基因的发生。 在人类仍无法控制自身基因发生特异突变之前，人类将与癌细胞共同存在，努力降低癌细胞对自身的伤害，让癌症逐渐成为一种不再威胁人类生命的慢性疾病。

匪夷所思的量子物理

> 经典物理说：你给我已知条件，我可以精确预测未来；相对论者说：一切都是相对的，宇宙间没有绝对的事物；量子力学说：一切都不确定，你永远不知道这个世界的本来面目。
>
> ——佚名

近年以来，各类媒体有关量子概念的新闻日益增多。 2016 年 8 月 16 日，我国成功发射了世界首颗量子科学实验卫星——墨子号。 2017 年 5 月 3 日，中国科学院宣布，中国建造了世界上第一台超越早期经典计算机的光量子计算机。 6 月 15 日，中国科学家在美国《科学》杂志发表文章，报告了中国墨子号量子卫星在世界上首次实现千公里量级的量子纠缠等。 许多科学家认为，随着量子通信、量子计算等核心技术的飞速发展，一场新的量子革命正在到来。

那么，我们经常听说的量子究竟是什么？ 科学家们津津乐道的量子力学又是怎样一门科学呢？ 这值得我们一起来做一番认真的探究。现在，高中物理中就有量子物理的内容，翻开高中量子物理到大学量子力学的课本，几乎从头至尾都是实验过程和数学公式，使得许多人望而却步。 但这些实验过程和数学公式所表达的概念又非常之神奇，许多奇思妙想远远超乎我们的想象。 早些年，我曾经读过日本著名物理学教授佐藤胜彦撰写的科普书籍《量子论》，非常赞成他说的，量子物理是一门"有趣的让人睡不着的"科学。

量子理论在争议中悄然亮相

在量子力学出现之前，物理学界是以牛顿为主导的经典物理学的一统天下。 1900 年 12 月，19 世纪最后一年的最后一个月，量子概念应运而生，意味着一个物理学新纪元的到来。 德国物理学家马克斯·普朗克在这一年的柏林物理学会圣诞晚会上作了《论正常光谱中能量分布》的演讲，提出了"能量量子假说"理论。 普朗克在研究黑体热辐射规律时发现：物体辐射（或吸收）的能量不是连续的，而是一份一份进行的，只能取某个最小数值的整倍数。 这个最小数值就叫"能量子（量子）"，第一次提出了量子的概念。 1905 年 3 月，德国著名物理学家阿尔伯特·爱因斯坦受普朗克"能量量子假说"理论的启发，发表了《关于光的产生和转化的一个启发性观点》的论文，把量子概念引入光的传播过程，认为光是具有能量的粒子的集合，并将这些粒子命名为"光量子（光子）"，光子的能量取决于光的频率，光的频率越高，光子的能量越大。 爱因斯坦的"光量子"假说，成功地解释了光电效应。

1913 年 7 月，丹麦物理学家尼尔斯·玻尔发表了《论原子构造和分子构造》的长篇论著，将量子概念引入原子模型，成功解析了氢原子结构。 玻尔早期的量子论并不完善，但成为迈向量子物理学的一座桥梁。 1923 年 9 月至 10 月，法国物理学家路易·维克多·德布罗意接连发表了三篇有关波和量子的论文，提出"电子运行轨道之所以为整数，是由于电子的本质是波"的观点。德布罗意还认为，不仅限于电子，所有的物质本质上都是波，即一切物质粒子均具有波粒二象性。他将这种波命名为物质波。德布罗意的论文得到了爱因斯坦等的充分肯定。1925年1月，奥地利物理学家沃尔夫冈·泡利发现了泡利不相容原理，该原理表明粒子不能同时具有相同的量子数，解释了正常原子无法共存于同一空间的原因。1925年6月至11月，德国物理学家沃纳·海森伯独自或与他人合作发表了多篇论文，建立了量子矩阵力学。1926年1月至6月，奥地利物理学家埃尔温·薛定谔发表了同样题为《量子化就是本征值问题》的四篇论文，系统阐明了波动力学理论。薛定谔还提出了计算物质波传导的方程式，成为量子力学中的基本方程式，被称为薛定谔方程式。薛定谔方程式给出了以波的形式传播的粒子在空间某一位置出现的概率。英国物理学家保罗·狄拉克将海森伯的矩阵力学和薛定谔的波动力学整合到了一起，并创立了狄拉克方程。由此，量子理论发展进入了量子力学的阶段。

薛定谔方程式引出了波函数概念，多位学者针对波函数的物理含义作出了多种解释。德国物理学家马克斯·玻恩提出了"波函数的概率解释"，即用波函数来表示可以发现电子位置的概率。玻尔等人又吸收了波函数的概率解释，提出了"我们观测电子的时候，电子的波会发生收缩"的观点。这就是说，我们不观测电子时，电子会以我们不知道的状态舒展，并处于重合状态；而当我们观测电子时，电子的波会瞬间收缩，电子的发现位置就像由"掷骰子"决定一样，存在着一定的概率。玻尔等人的这种解释被称为哥本哈根解释。1927年10月，在布鲁塞尔召开的索尔维物理讨论会上，哥本哈根学派与爱因斯坦等人发生了激烈争论，爱因斯坦相信因果律，反对哥本哈根学派的概率解释，强调"上帝不掷骰子"。与此同时，德国物理学家海森伯提出了量子的不确定原理，认为在微观世界，当测定物质的位置和速度时，二者不能同时确定为唯一数值，不可避免地具有不确定性。量子科学家们认为，这种不确定性正是自然的本质。1935年，薛定谔发表了《量子力学的现状》的文章，提出了著名的"薛定谔的猫"的悖论。在20世纪的前半期，物理学家们初步建立了较为完整的量子力学理论，奠定了量子力学发展的基础。

量子概念颠覆人们传统认知

在 20 世纪之初，几乎同一时期诞生了量子论和相对论，这两大理论体系奠定现代物理学的基础。 量子（quantum）一词来自拉丁文，意为代表"一定数量的某物质"。 量子是现代物理的重要概念。 在物理学中，量子是能表现出某物质或物理量特征的最小单位。 所谓量子论，简单来讲就是微观世界的物质观。 微观世界的物质，与我们眼睛看到的物质存在巨大的差异；而揭示微观世界物理原理的量子力学，则大大颠覆了我们对物质世界的传统认知。 近现代科学建立在实验和数学推导的基础之上，量子力学更是如此，而这些数学公式对大多数人来说是一个拦路虎。 今天，我们彻底抛开数学公式，试图借助文字的描述，努力去理解这些奇妙的思想。

● 波粒二象性。 这是微观粒子的基本属性之一。 按量子物理的概念，微观粒子既具有粒子性质，又具有波的性质；有时显示出粒子性（这时波动性不显著），有时又显示出波动性（这时粒子性不显著），在不同条件下分别表现为粒子和波动的性质；也可以认为，物质本质是粒子，而粒子的运动规律要用概率波动的原理来描述。 一切微观粒子都具有波粒二象性。 一般认为，电子双缝干涉实验已为微观粒子具有波粒二象性作了较好解释。

● 不确定性原理。 海森伯不确定性原理指出，粒子的速度（动量）和位置不能同时准确确定，两者之一测定得越准确，另一者的测定便越不准确，不可避免地具有不确定性。 这个结论彻底颠覆了我们一直以来所持有的物质观和自然观的根基。 对量子论的波函数概率解释和不确定性原理，爱因斯坦等人表示了明确的反对。 但是，后来的发展证实了量子论的正确。 量子论认为，物质和自然不是仅限于单一的状态，而是具有极大的不确定性，这种不确定性正是自然的本质反映。

◉ 哥本哈根诠释。 玻尔将薛定谔的波动方程和海森伯的不确定性原理结合在一起，提出了互补性概念。 互补性概念认为，光可以表现出波动性，也可以表现出粒子性，但两种性质不会同时表现出来。波动性和粒子性是观察同一现象的两种互补的方式，光的本质没有发生变化，只是观察的角度发生了变化。 玻尔采用哲学的方法解释量子现象，强调观测者的干预会影响量子实验的结果，由此对宇宙的客观性提出了挑战。

◉ 薛定谔的猫。 薛定谔曾提出一个有趣的思想实验：假设将放射性物质和一只活的猫放入一个带盖子的铁箱内。 如果放射性物质引起原子核崩塌，释放放射线，导致产生毒气，就会毒死箱子中的猫；如果放射性物质没有引起原子核崩塌，就不会产生毒气，也不会毒死箱子中的猫；在人们没有打开箱子前，猫可能处于一种既死又活的叠加状态。 薛定谔试图用这个实验说明哥本哈根诠释的荒谬，而许多物理学家却接受了哥本哈根诠释，认为量子的叠加态原理反映了波的相干叠加与用波函数完全描述一个微观体系的状态，也深刻反映了量子力学与经典力学的根本差别。 按量子论原理，这种既死又活的叠加状态不可被观测，一旦观测引起波函数收缩，猫便非死即活。 对这个思想实验的最终结果，至今仍有不同的认知。

◉ 量子纠缠。 量子纠缠描述了粒子在由两个或两个以上粒子组成的系统中相互影响的现象。 量子纠缠是量子力学理论早期的一个著名预言，认为量子世界中存在普遍的量子关联，关联的两个量子，即使距离相隔遥远，一个量子的变化会影响另一个量子的状态；两个相距遥远的关联量子相互影响的速率甚至超过了光速。 爱因斯坦等人提出 EPR 悖论，对量子纠缠现象提出了质疑。 1964 年，爱尔兰物理学家约翰·斯图尔特·贝尔提出贝尔不等式，以验证处于纠缠态量子的超光速联系现象。 此后，法国物理学家阿兰·阿斯派克特等人的一系列验证实验，证明了量子纠缠的真实性，量子保密通信就是运用了量子纠缠的原理。

◉ 泡利不相容原理。 这是微观粒子运动的基本规律之一，由奥地利物理学家沃尔夫冈·泡利发现。 泡利不相容原理认为具有相同四个量子数的电子不能处于同一个原子内。所有的费米子（自旋为半奇数的粒子）满足泡利不相容原理，即不能有两个以上的费米子出现在相同的量子态中。它解释了即使原子处于最低能量状态，电子依然分布在不同壳层，正是这样的分布决定了元素的化学性质。

量子论揭示的物质观和物理学原理非常奇妙，常常令人不可思议。玻尔曾经说过，"不被量子论震惊到的人，绝对是不理解量子论的人！"对许多量子现象，科学至今仍不能完美解释，我们或许还不能完全理解量子力学，但真理却包含在其中。

量子理论引领现代科技发展

任何科学认知的深入必将会带来技术与工具的变革。量子物理是如此的奇妙，一定会给人类的技术创新和工具革命带来意外的惊喜。如今，从激光、半导体材料、大规模集成电路、纳米技术、电子显微镜到医学上的核磁共振成像装置等，都是量子理论在实践中的广泛运用。在量子理论的技术创新中，走在最前面的无疑是量子通信和量子计算机。

量子通信是指利用量子纠缠效应实现信息传递的一种新型通信方式。根据量子力学原理，通信双方以量子态作为信息载体，在专门的量子信道中传输量子态，实现信息在通信双方的传递。在量子信道传输过程中，在保密通信双方之间建立共享密钥，称为量子密钥分配，其安全性由量子力学中的"测不准原理"及"非克隆定理"等量子特性作为保证。因此，量子通信最重要的特征是绝对的安全性。自量子通信概念提出以来，量子通信从理论到实践不断发展，并逐步向实用化方向发展。量子通信系统的组成包括了量子态发生器、量子远程通道、量子密钥编码和量子测量装置等。我国量子通信技术走在了世界前列。2011年10月，中国科学技术大学和中国科学院上海物理所科学家组成的联合团队在国际上首次成功实现了百公里量级的自由空间量子隐形传态和纠缠分发，为发射全球首颗"量子通信卫星"奠定了技术基础。

量子计算机是按照量子力学原理，依据量子算法，处理及存储量子信息的计算机。 在量子计算机运行中，基本信息单位是量子比特，运算对象是量子比特序列；量子比特具有两个独特的量子效应：量子叠加和量子纠缠；量子叠加能够让一个量子比特同时具备 0 和 1 的两种状态，量子纠缠能够让一个量子比特与空间上独立的其他量子比特共享自身状态，创造出一种超级叠加，实现量子并行计算，使计算机的运算能力随着量子比特位数增加而呈指数式增长。 量子计算机有着无比强大的颠覆性功能，但通用性量子计算机的研制非常复杂。 研制量子计算机的关键在于量子比特的制备。 量子比特极其脆弱，任何微弱的环境变化都能对量子比特造成破坏性影响。 自 1982 年美籍犹太裔物理学家查理德·费曼提出量子计算机的概念以来，许多国家的科学家都在研制量子计算机，并不断取得积极的进展。 2017 年 5 月 3 日，中国科学院举行新闻发布会，宣布中国科学家研制了世界上第一台超越早期经典计算机的光量子计算机。 据介绍，这台光量子计算机从"囚禁"原子开始，采取超低温冷却的方法使原子进入量子态，实现了 10 个超导量子比特的操纵运行，达到了世界先进水平。

量子的世界是非常奇妙的。 显然并不能指望这篇短短的文字能够让人们对量子物理有全面而深刻的了解，而只是初窥门径，知晓量子物理的一些最基本的概念。 应该说，人类对量子世界的探索才刚刚开始，许多物理学家都对量子物理的一些现象有着截然不同的认识。 我们期待，量子物理能够不断有新的发展，在量子世界中能够发现宇宙间更多的奥秘。

高能物理与粒子对撞机

> 基本粒子虽小，却组成了我们；宇宙虽大，我们身在其中；宏观和微观世界的每一个变化都牵动着我们的一切。
>
> ——刘慈欣《坍缩》

近年来，关于中国要不要建设大型粒子对撞机成为了网上热议的话题，数学家丘成桐等表示了赞成，物理学家杨振宁等表示了反对，让局外人看了有点莫明其妙。我对这件事很感兴趣，乘着在北京开会期间，抽空拜访了中国科学院高能物理研究所，参观了北京正负电子对撞机以及几个重点实验室，听所里专家学者讲述高能物理与粒子对撞机的故事，使我感到大受教益。

中国科学院高能物理研究所位于北京城西玉泉路 19 号的大院。走进研究所大门，首先映入眼帘的是一尊醒目的"物之道"雕塑，雕塑的上部塑造了形似正负电子的太极符号，雕塑的下部镌刻着著名物理学家李政道为雕塑写的一首小诗："物之道——道生物，物生道，道为物之行，物为道之成，天地之艺物之道。"雕塑着意刻画了科学揭示物质世界奥秘的至高境界，不由令人肃然起敬。

高 能 物 理

中国科学院高能物理研究所成立于 1973 年 2 月，是我国从事高能物理研究、先进加速器物理与技术研究及开发利用、先进射线技术与应用的综合性基地。 所谓高能物理，又称粒子物理或基本粒子物理，主要是研究微观世界中比原子核更深层次的粒子或基本粒子的结构，以及在高能量条件下粒子相互转化的规律。 可以说，高能物理是一门基础学科，也是当代物理学发展的前沿之一。

人类对物质世界的探索是不断深入的。 1803 年，英国科学家道尔顿在化学实验的基础上将原子学说第一次从推测转变为科学概念。1811 年，意大利化学家阿伏伽德罗提出了分子假说，认为原子是参加化学反应的最小质点，分子则是在游离状态下单质或化合物能够独立存在的最小质点。 我们现在大多数人都知道，大千世界的各种物质是由分子组成的，分子又是由原子构成的。 1897 年，英国科学家汤姆孙在真空管阴极射线实验中发现了原子中存在电子，这是人们发现的第一个"基本粒子"。 20 世纪初，英国科学家卢瑟福用实验证明原子中除了电子还有一个很小的致密的核，还用实验探索原子核的内部结构，发现原子核内部有带正电的质子存在，并猜测原子核中可能还有一种电中性的粒子存在。 1932 年，英国科学家查德威克通过实验证实了原子核中有中性的粒子存在，这个中性粒子被命名为中子，与质子一起组成了原子核。 科学家们逐步进入了原子的内部世界，勾画了一幅经典的原子结构图。

中国古代哲学家庄子在《天下篇》引用了一句古语："一尺之捶，日取其半，万世不竭。"意思是说，一尺长的棍子，每天截取一半，千秋万代也截取不完。 看来，庄子是赞成物质无限可分的。 科学家在原子中发现了电子和原子核，在原子核中发现了质子和中子，并将其称为"基本粒子"，似乎认为这些粒子就是物质的最基本单元。 但是，到 20 世纪中期，物理学家在实验中又发现了许多具有奇异特性的粒子，例如光子、中微子、μ 子、反质子等。 到现在为止，物理学家已经发现和观察到上百种粒子。 1964 年，美国物理学家盖尔曼和茨威格分别提出了夸克模型。 他们认为中子、质子这一类强子由更基本的单元——夸克组成。 夸克的名称是盖尔曼取自爱尔兰作家乔伊斯小说《芬尼根守灵夜》中的鸟叫声，他带有一些嘲弄的意思。 现代粒子物理的研究结果表明，构成世界最基本的粒子有 12 种，包括 6 种夸克（上、下、奇异、粲、顶、底）、3 种带电轻子（电子、缪子和陶子）和3 种中微子（电子中微子、缪中微子和陶中微子）。 当然，物理学家相信，这仍不是微观世界物质的终极探索。

人类对微观世界物质结构的认识，从分子原子层次到原子核层次，再到质子中子层次，逐步深入到强子内部，达到夸克和轻子层次。 认识愈深入，发现的粒子愈微小，粒子的结构也愈加紧密。 要想了解粒子内部的秘密，就需要用巨大的能量打开粒子的结构。 譬如，你想知道核桃内部的秘密，就必须用力让两个核桃发生碰撞，砸开核桃去看一看。 各种粒子加速器、粒子对撞机就好比一部部"砸核桃"的机器。 物理学家利用粒子加速器和粒子对撞机制造各种高能粒子，让它们以接近光速的速度前进，然后"轰击"靶粒子或相互对撞，同时用精密的探测仪器搜集对撞的信息，希望能够从中发现粒子世界的更多奥秘。

粒子对撞机

在世界上，最早出现的高能加速器是粒子加速器。 粒子加速器是利用电场推动带电粒子使之得以加速并提高能量的装置。 粒子加速器的结构一般包括三个主要部分：（1）粒子源，用以提供所需加速的粒子，包括电子、正电子、质子、反质子以及重离子等；（2）加速系统，在一个真空系统中，制造一定形态的加速电场，使粒子得以持续加速；（3）引导、聚焦系统，用一定形态的电磁场来引导并约束被加速的粒子束，使之沿预定轨道接受电场加速；最终用聚集很高能量的粒子流"轰击"靶粒子。

粒子加速器按加速方式不同可分为直线加速器和环形加速器。 直线加速器加速带电粒子时，粒子沿一条近于直线的轨道运动并逐级加速。 1928 年，挪威工程师罗尔夫罗提出设想并建成了世界上第一台直线加速器。 直线加速器在需要很高能量时，加速器必须有足够的长度，造价也会随之增高。 于是，物理学家便设想把直线轨道改成圆形或螺旋形轨道，一圈一圈反复加速。 1930 年，美国物理学家劳伦斯提出了回旋加速器理论，并于 1931 年研制了第一台回旋加速器。

加速器好比是粒子物理的"显微镜"，物理学家利用它可以深入到粒子内部，窥探粒子的微观结构；但要探索更深层次的微观世界，必须制造更高能量的加速器。 1943 年，挪威工程师罗尔夫罗又提出了让粒子迎面碰撞以增加能量的设想，成为最初的粒子对撞机概念。 20 世纪 50 年代，欧洲、美国和苏联提出了各自建造粒子对撞机的计划。 1962 年，意大利弗拉斯卡蒂国家实验室建成了第一台正负电子对撞机。 次年，美国和苏联也分别建设了正负电子对撞机。

随着粒子物理的发展，粒子对撞机像雨后春笋般出现在世界各大高能物理实验室，利用粒子对撞机研究微观粒子也取得了令人瞩目的成就。 2008 年 9 月，由欧洲核子研究中心组织多国科学家共同建造的大型强子对撞机（LHC）正式启动运行。 强子对撞机（LHC）位于瑞士和法国交界的侏罗山下，深埋于地下 100 米处，环状隧道全长 27 千米，成为世界上能量最高的粒子对撞机。 2013 年 3 月，欧洲核子研究中心公开确认，他们已经发现了希格斯玻色子。

20 世纪 50 年代，我国科学家曾着手建设小型直线加速器。 1972 年 8 月，以张文裕院士为首的 18 位科学家上书周恩来总理，提出"建设中国高能加速器实验基地"的建议。 周恩来总理作了"这件事不能再延迟了"的重要批示。 1973 年 2 月，中国科学院高能物理研究所成立，张文裕为第一任所长。后来几经波折，直到十年后的 1983 年 4 月，国务院批准了北京正负电子对撞机（BEPC）计划。1984 年 4 月，投资 2.4 亿元的北京正负电子对撞机在玉泉路基地正式动工，邓小平同志参加了奠基仪式。1990 年 7 月，北京正负电子对撞机顺利通过国家验收，并荣获 1990 年度国家科技进步特等奖。此后，北京正负电子对撞机经过十余年的实验运行，取得了许多重大物理研究成果。2003 年，国家批准了北京正负电子对撞机重大改造计划，总投资 6.4 亿元。2009 年 7 月，北京正负电子对撞机（BEPCII）重大改造工程顺利通过了国家验收。北京正负电子对撞机的外形像一个巨大的"羽毛球拍"，"球拍把"是一个 202 米长的正负电子直线加速器，可以把正负电子流加速至 11～15.5 亿电子伏，由注入器输出的正负电子束流经两条输送线分别送至储存环。储存环是一台周长 240.4 米的环形加速器。在储存环的南对撞点安装有大型探测器——北京谱仪（BES），以获取对撞信息。北京正负电子对撞机在实验中经反复优化束流参数，于 2016 年 4 月对撞机亮度(反映对撞机性能的指标)创造新高,性能达到了改造前的 100 倍,刷新了这个能量对撞机对撞亮度的世界纪录。

粒子对撞机对撞大厅

粒子对撞机加速管道

探索无极限

北京正负电子对撞机的建成，为我国粒子物理研究开辟了广阔前景，也获取了一批具有国际领先水平的科研成果，使得中科院高能物理研究所跻身世界八大高能物理实验研究中心之一。这些年来，随着我国科研经费投入的增加，高能物理研究所建设了一批具有世界领先水平的科学项目，逐步形成了粒子物理、先进加速器和射线技术三个重点学科领域，在探索微观世界的征途上走在了前列。

宇宙线是来自宇宙空间的高能粒子，主要由质子和多种元素的原子核组成，并伴有少量的电子和光子。宇宙线携带着宇宙起源、天体演化、太阳活动及地球空间等重要信息，研究宇宙线是人类探索宇宙的重要途径。1987年，高能物理研究所在海拔4300米的西藏羊八井开始建设国际宇宙线观测站，包括了中日合作广延大气簇射阵列和中意合作全覆盖探测阵列。2016年7月，位于四川稻城县海子山（平均海拔4410米）的高海拔宇宙线观测站开工建设，总投资12亿元，预计

5 年建成。 这些项目的建成和在建，使得我国将成为国际四大宇宙线研究中心。

核电站在核反应过程中会产生大量的中微子，成为科学家研究中微子的重要资源。 我国大亚湾核电基地拥有大亚湾核电站和岭澳核电站，是我国目前运行核电装机容量最大的核电基地。 这两个核电站相距 1 千米，距两个核电站不远处即有高 100～400 米的山体，是建设中微子实验站的理想地点。 2007 年 10 月，大亚湾反应堆中微子实验工程破土动工，实验站有 3 个实验大厅，均位于山腹之中，近地点位于地下 100 米深处，远地点位于地下 350 米深处。 每个实验大厅内都装有巨大的存放纯净水的水池，水池的中央浸泡着中微子探测器。 2011 年 12 月，实验站基本建成并开始运行。 2012 年 3 月，大亚湾中微子实验国际合作组宣布，发现了一种新的中微子振荡模式。

在大亚湾中微子实验成功发现中微子的第三种振荡模式之后，中微子研究的下一个目标是测量中微子的质量顺序。 这次的实验站建设地点选择在广东江门市。 江门市附近有阳江、台山两个核电站，被认为是最适合利用核反应堆测量中微子质量顺序的地方。 2015 年 1 月，江门中微子实验站在江门开平市金鸡镇开工建设。 实验站将在地下700 米深处建设一个巨大的球形液体闪烁体探测器。 整个工程计划于2017 年完成实验站基建，2019 年完成探测器的安装，2020 年调试并读取数据。

先进的中子源是中子科学研究的基础，也是探测物质微观结构和运动规律的重要装置。 2011 年 10 月，由中国科学院与广东省政府合作建设，由高能物理研究所担任项目法人的中国散裂中子源（CSNS）重大工程在东莞大朗镇奠基开工。 散裂中子源是由加速器提供的高能质子轰击重金属靶而产生中子的大科学装置。 整个装置建在地下 13米至 18 米处，国家批复投资 18.8 亿元，预计 6.5 年建成。 2017 年 8月，散裂中子源完成了主要建设任务并首次打靶成功，获得了中子束流。 中国散裂中子源建成之后将与美、日、英的中子源一起构成世界四大脉冲散裂中子源。

2017 年 6 月 15 日，我国成功发射了硬 X 射线调制望远镜

（HXMT）卫星，号称"慧眼"。 "慧眼"是我国第一颗空间天文望远镜卫星。 该卫星包括了四个有效载荷：高能 X 射线望远镜（HE）、中能 X 射线望远镜（ME）、低能 X 射线望远镜（LE）、空间环境监测器（SEM）。 高能物理研究所承担了硬 X 射线望远镜的主要研制任务。 硬 X 射线调制望远镜是研究黑洞、中子星等特殊天体的重要手段，能发现新天体和天体高能辐射的新现象，标志着我国高能天体物理观测研究进入了国际前沿。

中科院高能物理研究所下一个确定建设的项目是"北京光源"。 "北京光源"是我国继电子对撞机、"合肥光源""上海光源"之后的第四代高能同步辐射光源。 "北京光源"已经列入了国家重大科技基础建设"十三五"规划，建成后将对众多基础科学研究发挥重要支撑作用。 建设地点将位于北京怀柔科学城，总投资逾 48 亿元，计划 2018 年开工，工期约 6 年。 "北京光源"的设计指标超过了世界上现有或在建的同类光源。

中国科学院高能物理研究所正在规划的重大项目就是世人瞩目的环形正负电子对撞机（CEPC），用于替换将来到达预期寿命的北京正负电子对撞机（BEPCII）。 该项目将分两步实施：一期工程为 CEPC，能量达到 250 GeV；二期工程为 SPPC，能量达到 50～100 TeV，为欧洲现在强子对撞机（LHC）的 7 倍左右。 CEPC 项目将建在地下 50～100 米处，最终形成一个长达 50～70 千米的环形加速器，总投资逾 300 亿元。 环形正负电子对撞机将担负起寻找超出标准模型新粒子和新物理现象的使命。 这个项目提出后，引起了科学界和媒体的热议，赞成与反对双方均有充足的理由。 而我这次考察中国科学院高能物理研究所，却产生了较为深切的感受。 我以为，建设大科学装置不一定都成功，也可能没有明显的经济与社会效益，但对探索人类的未知领域是极其珍贵的。 科学探索从来都蕴含着一种冒险精神。 这里，请容许我借用马云的那句话：梦想还是要有的，万一实现了呢？

打开"天眼"遥看浩瀚宇宙

> 真理不在蒙满灰尘的权威著作中，而是在宇宙、自然界这部伟大的无字书中。
>
> ——伽利略（意大利天文学家）

我不是天文学家，却是一个天文爱好者。我喜爱在秋日的夜晚，一个人在阳台上拨弄我的天文望远镜。从天文望远镜的目镜中静静地欣赏月球的环形山、土星的行星环。眼睛看累了，便躺在阳台的藤椅上仰望星空，黝黑的天幕上繁星点点，偶尔有一颗流星划过，会从心底泛起些许欣喜，希望这是一个好的兆头，明天一切会更美好。

我知道，许多人喜欢仰望星空，而是否为天文爱好者却不重要，甚至与心情的好或不好也没有关系。黑夜中，深邃的天宇，宁静的星空，似乎蕴含着一种神奇的力量，能够平复一个人的情绪，开阔一个人的心胸。 自从爱上天文之后,我时常想,人世间的事情太复杂,许多道理说不清也道不明,只有宇宙蕴藏着亘古不变的真理,没有人能够轻易改变。 爱好天文学,让我获取了新的知识,也明白了许多事理,生活更加丰富多彩。 我记得,曾翻译美国天文学家西蒙·纽康《通俗天文学》的著名翻译家金克木说过:"看天象,知宇宙,有助于开拓心胸。 这对于观察历史和人生,直到读文学作品,想哲学问题,都有帮助。 心中无宇宙,谈人生很难跳出个人经历的圈子。"让我们爱好天文学吧,透过天文望远镜,了解天空中另一个世界的奥秘。

遥看满天星

　　天文学是一门古老的学问。 在远古时代,就有人仰望星空,观天象,辨凶吉。 他们将天体变化与人间祸福联系在一起,创造了古老的星相学。 把天文当作一门学问进行系统研究是从古希腊开始的,古希腊哲学家阿那克西曼德、毕达哥拉斯、欧多克斯、亚里士多德等都对天文学的研究有所贡献。 古希腊天文学的集大成者是托勒密,他系统总结希腊天文学的优秀成果,写出了流传千古的 13 卷《天文学大成》。 他的"地心说"影响了西方天文界一千多年。 直到 1543 年,哥白尼发表了著名的《天球运行论》,这一切才得以逐步改变。

　　古代人研究天文学,全凭人的肉眼观察星空与天象,了解毕竟十分有限。 1608 年,荷兰眼镜匠利帕希造出了第一架望远镜。 意大利天文学家伽利略知道之后,亲手制作了一架天文望远镜。 他用这架天文望远镜发现了月球的环形山、木星的四颗卫星、太阳黑子和银河的恒星等,并将观察的新成果写成了《星空的报告》一书。 他在书中还详细介绍了天文望远镜的制作方法和光学原理。 据说,伽利略曾送一架天文望远镜给德国天文学家开普勒,开普勒改进了伽利略的天文望远镜。 从此,天文望远镜成为了天文学家必备的专业工具,也为世人打开了通向宇宙的天窗。

天文望远镜的诞生无疑是天文学史上的一场革命，而天文望远镜的进步则推动了现代天文学的发展。 总体上讲，天文望远镜可分为光学望远镜、射电望远镜、太空望远镜等。 早期的天文望远镜都是光学望远镜。 光学望远镜按光学原理的不同又可分为折射望远镜、反射望远镜和折反射望远镜等。 1609 年，伽利略用一片凸透镜、一片凹透镜做成了第一架折射天文望远镜。 1611 年，开普勒发表《折射光学》一书，阐述了折射望远镜的原理，并用两片凸透镜做成了一架折射天文望远镜，称之为开普勒望远镜。 当时的望远镜都是用单片透镜作物镜，色差非常严重，只能靠拉长焦距以缩小色差。 1673 年，波兰天文学家赫维留曾制作了一架长达 46 米的巨型折射天文望远镜。 直到 1758 年，英国光学仪器商多隆德用冕牌玻璃和火石玻璃制成复合透镜才比较好地解决了色差的问题。

1668 年，著名物理学家牛顿为消除折射望远镜的色差，干脆放弃光的折射特性，采用了光的反射原理，制成了一架反射天文望远镜。牛顿用一片凹面金属镜作为物镜，物镜焦点前装有一块与光轴成 45° 的平面反光镜，用目镜进行观察。 在牛顿之前，英国天文学家格里果里曾提出过反射望远镜设计方案，但没有制作成功。 在牛顿之后，法国人卡塞格林提出了又一种反射望远镜的设计方案，至今仍在采用。1781 年，英国天文学家赫歇尔用自制的 15 厘米口径的反射望远镜发现了天王星，引起了天文学界的轰动。 赫歇尔一生制作了 400 多架天文望远镜，获得了许多重要的天文发现。 现代的大口径光学望远镜大都是反射望远镜。

1931 年，德国光学家施密特用一块接近于平行板的非球面薄透镜作为改正镜，与球面反射镜配合，制成了可以消除球差和轴外像差的折反射望远镜，称之为施密特望远镜。 1941 年，苏联光学家马克苏托夫用一个弯月形状透镜作为改正镜，制成了另一种折反射望远镜。 折反射望远镜比较适合业余的天文观测和天文摄影，得到了许多天文爱好者的喜爱。

随着工业技术的进步，光学天文望远镜制作的口径越来越大，构造也越来越精良。 现在世界上，著名的大型光学天文望远镜有西班牙加列那天文望远镜、美国夏威夷凯克天文望远镜、非洲南部大型望远镜（SALT）、智利麦哲伦双体天文望远镜、日本昴星团天文望远镜、美国多镜面望远镜（MMT）、欧洲南方天文台甚大天文望远镜及我国华北大天区面积多目标光纤光谱望远镜等。这些天文望远镜的口径多为 8～10 米，一般有多块镜面组合而成。欧洲南方甚大天文望远镜由 4 台口径 8 米的望远镜组成一个干涉阵，这种联合式的天文望远镜，据说能探测到比人体肉眼可见光暗上亿倍的光线。

现在，天文学家们正在建造或计划建设更大的光学望远镜。它们有位于智利的大麦哲伦望远镜（GMT），包含了 7 个直径 8.4 米的主镜；有位于夏威夷的红外天文望远镜（TMT），拥有直径 30 米的主镜；有同样位于智利的欧洲超大望远镜（E-ELT），拥有直径 39 米的主镜。这三大望远镜构成了极端巨大望远镜计划（ELT）。

射电照牛斗

我们知道，可见光是电磁波谱中人眼可以感知的部分，一般人的眼睛可以感知的电磁波的波长在 380～750 纳米之间；比可见光波长稍短的是紫外线，更短的是 X 射线和 γ 射线；比可见光波长稍长的是红外线，更长的则属于射电波段，按波长递增顺序依次为亚毫米波、厘米波、分米波和米波。宇宙间的各种天体都会发出各种不同波长的电磁波，不同波长的电磁波由不同性能的天文望远镜观测。射电望远镜主要是接收和观测来自宇宙天体射电波段电磁波的天文设施。用射电望远镜观测到的射电数据揭示的天文现象属于射电天文学范畴。

1931 年 1 月，美国贝尔实验室工程师卡尔·央斯基用定向天线的无线电接收器在 14.6 米波段接收到一种每隔 23 小时 56 分 04 秒出现最大值的无线电干扰。他经过约一年的研究分析，于 1932 年发表文章宣称：这是来自银河系中心方向的射电辐射。人类第一次捕捉到了来自太空的无线电波，标志着射电天文学的诞生。1937 年，美国无线电工程师雷伯制作了天线抛物面口径为 9.45 米的射电望远镜，进行宇宙射电的观测。 1944 年，他在多年观测的基础上绘制了第一张银河射电图。 雷伯是抛物面型射电望远镜的首创者。 现代的射电望远镜大都具有抛物面，一般由天线系统、接收机系统和处理与显示系统组成。 太空中投射来的射电信号经抛物镜面反射后，同相达到公共焦点，在焦点处经功率放大后转换成较低频率（中频）信号用电缆输送至控制设备，进一步放大、检波，最后进行存储和分析处理。

第二次世界大战以后，先进的雷达技术大量军转民用，促进了射电望远镜的发展。 美、英、法、荷和苏联等竞相建造各种形态的射电望远镜。 20 世纪 50～60 年代，英国天文学家马丁·赖尔发明了综合孔径技术以及甚长基线干涉仪（VLBI）等先进的射电技术，极大地提高了射电望远镜的分辨率和灵敏度。 这一时期，天文学取得的脉冲星、类星体、宇宙微波背景辐射、星际分子"四大发现"都是在射电天文领域获得的。 采用甚长基线干涉技术，能够将相隔数千千米的数个射电天线组成一个甚长基线干涉（VLBI）观测网，观测同一射电源。 20 世纪 80 年代以来，欧洲 VLBL 网、日本 VLBI 网、中国 VLBI 网和美国的 VLBA 阵列、国际合作 ALMA 阵列相继建设。 美国的超常基线阵列（VLBA）由 10 个抛物天线组成，横跨从夏威夷至圣科洛伊克斯数千公里的距离，精度为哈勃太空望远镜的数百倍。

20 世纪 60 年代，我国的射电望远镜建设开始起步，为射电天文学发展打下了坚实基础。 2009 年 12 月，上海佘山天文台 65 米射电望远镜（天马望远镜）开工建设。 2012 年 10 月建成并在 18 厘米波段顺利展开首次观测。 上海 65 米射电望远镜是亚洲最大、国际先进的 65 米口径全方位可移动大型射电望远镜。 天马望远镜为"嫦娥"奔月定轨及落月后定位等发挥了重要作用。 2017 年 11 月份，我曾专程赴上海佘山天文台，一睹 65 米射电望远镜的风采。 2011 年 3 月，我国号称"天眼"的 500 米口径球面固定射电望远镜（FAST）在贵州黔南自治州喀斯特洼坑开工建设。 2016 年 9 月，500 米口径球面射电望远镜落成，这是世界上最大的单口径射电望远镜。 2017 年 10 月，"天眼"发现了两颗新的脉冲星，分别距离地球约 4100 光年和 1.6 万光年，这是我国射电望远镜首次发现的脉冲星。

上海 65 米射电望远镜

太空开天眼

地球有一层厚厚的大气层，它是地球生物的保护者。 地球大气中的各种粒子对天体辐射具有吸收和反射功能，使得大部分波段范围的天体辐射无法到达地面。 天文学家把能够到达地面的辐射波段称作"大气窗口"，"大气窗口"只对三个波段开放，分别是光学窗口、红外窗口、射电窗口；而对紫外线、X 射线、γ 射线等均不透明，即使是开放的窗口也受地球大气层的影响，不利于天文观察。

为了避免地球大气对天文观察的影响，天文学家最初的选择是把天文台建在高海拔地区。 19 世纪下半叶，天文学家开始用高空气球进行空间红外观测。 1946 年 10 月，美国海军实验研究室发射了一枚"德国号"高空火箭，升高到 80 千米处，第一次获得了波长 0.22 微米的太阳紫外光谱。 1960 年 6 月，美国发射了格雷勃号卫星，以监测太阳 X 射线和紫外辐射，这是世界上第一颗天文卫星。 发射地球人造卫星，在人造卫星上装载天文望远镜，在太空中进行天文观察，标志着太空天文望远镜时代的到来。

现在一般把太空中的天文观测设施都统称为太空望远镜，又称作空间望远镜。 太空望远镜按类型可分为紫外望远镜、红外望远镜、X射线望远镜、γ射线望远镜和大型光学望远镜等。 从20世纪60年代开始，以美国为主，欧洲空间局（ESA）和英国、法国、德国、意大利、荷兰及日本等发射了多个天文卫星，对太空中的紫外、红外、X射线和γ射线辐射进行观测与普查。 从20世纪90年代开始，美国航空航天局（NASA）制定了一个大型轨道天文台计划，通过发射工作在不同电磁波段的太空望远镜，将天文学研究推进到一个新的时代：1990年4月，发射了哈勃空间望远镜（ST）；1991年4月，发射了康普顿γ射线天文台（CGRO）；1999年7月，发射了钱德拉X射线天文台（CXO）；2003年8月，发射了斯皮策空间红外望远镜（SST），号称"天文四巨星"。 原计划这四个天文望远镜同时在太空，对不同电磁波段的可见光和宇宙射线进行观测，但在2000年6月，康普顿γ射线天文台因陀螺仪损坏，在人工引导下坠入了太平洋。 2017年6月，中国成功发射了首颗硬X射线调制望远镜卫星"慧眼"，加入了对宇宙射线进行太空观测的行列。

当今世界上最著名的太空望远镜当属哈勃空间望远镜。 哈勃空间望远镜是由美国航空航天局与欧洲空间局合作研制的大型太空光学望远镜。 1990年4月发射升空后曾出现一些故障，经多次维修后达到了较好状态，成为天文史上最重要的太空望远镜。 哈勃望远镜升空近30年来，在离地球约600千米的太空轨道上，观察到了许多人类未曾发现的天文奥秘。 哈勃望远镜清晰地拍摄了宇宙中许多星系在爆炸与碰撞之后，经过数亿光年传送来的各种惊心动魄的壮丽景象，使天文学家从中感悟到宇宙形成的初始状态，并推断出宇宙大约诞生在130亿年至140亿年之间。 哈勃望远镜大约将在2020年至2030年退役，美国航空航天局计划用正在建造的詹姆斯·韦伯空间望远镜（JWST）接替哈勃空间望远镜。

爱好天文学，必须从拥有天文望远镜、进行天文观察开始。 我有一架称作"信达小黑"的牛顿式反射望远镜，具有很高的性价比和可玩性。 我用它进行天文观察和天文摄影，还加入了一个天文爱好者QQ群，在那里与大家一起交流观星的体会，结识了许多可爱的天文爱好者朋友，充分感受爱好天文给生活带来的种种快乐。

人造太阳与人类终极能源

> 如果你因错过了太阳而流泪，那么你也将错过星星了。
>
> ——泰戈尔（印度诗人）

在合肥西郊风景秀美的蜀山湖畔，有着一座神秘的董铺岛。董铺岛三面环水，绿树成荫。全岛面积约 2.65 平方千米，岛上坐落着中国科学院在合肥的各个科学研究机构，也是我国一个重要的科学研究基地，因此称为科学岛。

前不久，我们专程前往拜访了这里的中国科学院等离子物理研究所，考察了闻名遐迩的世界上第一台非圆截面全超导托卡马克实验装置，聆听专家学者讲述核聚变发展的历程与前景，亲身感受人类科学家探索和平利用核聚变，追寻终极能源的前进步伐。

合肥托克马克装置

探寻终极能源

我们知道，任何一种生命的续存与发展都需要消耗一定的能量，而能够向自然界提供能量转换的物质就是能源。进入工业社会以后，人类大量开采煤炭、石油和天然气，把煤炭、石油、天然气等一次能源转化为电力等二次能源，以利于能源的输送与利用，人类对能源的依赖日益加深。据《世界能源统计年鉴·2016》报告，2015 年，全球一次能源消费较 2014 年增长 1％。其中，石油消费占 32.9％，天然气消费占 23.8％，煤炭消费占 29.2％，其余的主要为可再生能源。从这些数据来看，一次能源消费占能源消费总量的 85.9％。一次能源是地球在亿万年演化过程中形成的宝贵资源，储量不是无限的。据世界能源组织预测，世界上已经探明的一次能源储量（不包括油页岩和可燃冰的储量），按世界现有的能源消费量计算，石油和天然气大约在本世纪的中后期都将消费殆尽，煤炭维持消费的周期略微长一点，但在石油、天然气消费殆尽之后，人类可能会加快煤炭的消费。总体上讲，地球上的一次能源都将在下世纪初大体消耗告罄。

从长期来看，世界性的能源危机是客观存在的。能源危机何时来临，仅仅是时间问题。人类必须在世界性能源危机来临之前，找到应对之策，一劳永逸地解决人类社会发展所必需的能源问题，从根本上消除世界性的能源危机。这就是我们说的探寻人类社会的终极能源。

以现有的科技发展水平而言，最有可能成为人类终极能源的是核能。所谓核能，又称原子能，即通过核反应从原子核释放的能量。核反应的过程，符合爱因斯坦的质能方程 $E=mc^2$，其中 E 代表能量，m 代表质量，c 代表光速。核能可以通过三种核反应释放：（1）核裂变，指一个较重的原子核分裂成两个较轻的原子核所释放的能量；（2）核聚变，指两个较轻的原子核聚合成一个较重的原子核所释放的能量；（3）核衰变，在原子核衰变过程中释放能量。核衰变通常是一个极缓慢的过程，此过程中释放的能量量级较低，而核裂变、核聚变释放的能量量级较高。原子弹就是核裂变的产物，人们也利用核裂变原理建设核电厂。据统计，全球正在运行的核电反应堆有 400 多座，核能的发电量约占全球发电总量的 11％ 左右。这几年全球核电厂的建设速度正在放缓，主要是因苏联切尔诺贝利核电站、日本福岛第一核电站等的核泄漏事故给人们造成了很大担忧。现有核电站的主要原料是铀，地球上铀的储藏量也十分有限，大规模使用仅能满足百年左右。现在，科学家和能源专家不约而同地把关注的目光共同投向了核聚变。核聚变的原料主要是氢的同位素——氘和氚，地球上氘和氚的储藏量可供人类使用上亿年。核聚变比核裂变产生的核废料更少，放射性辐射也会在短时间内消失，是一种清洁安全的核能源。应该讲，核聚变十分有希望成为人类社会的终极能源。

建设人造太阳

说起核聚变，太阳就是典型的核聚变产物。太阳的中心温度高达 1500 万摄氏度，约有 3000 亿个大气压，形成了一个核反应区。在这个核反应区内，不断进行着 4 个氢核聚变成一个氦核的热核反应。天文学家估计，太阳每秒约有 6 亿吨的氢经过热核聚变反应为 5.96 亿吨的氦，核聚变反应产生大量的光和热，给整个太阳系带来了巨大的能量。 时至今日，太阳已经将大约相当于 100 个地球质量的物质转化为能量，这样的热核聚变反应还将维持大约 50 亿年。

人类早就期望利用核聚变反应产生的巨大能量，核武器——氢弹就是一个例子。 氢弹利用原子弹（铀核裂变）爆炸的能量激发氢的同位素氘、氚等质量较轻原子的原子核发生核聚变反应，瞬间释放出巨大的能量，氢弹的威力比铀原子弹要大了许多。

人们既然能够利用核聚变制造核武器，那么是否能够利用核聚变建立核电站呢？ 答案是完全有可能的，问题的关键在于采用可控的核聚变方式，实现平稳、持续的能量输出。 氢弹是瞬间的能量爆发，而可控的热核聚变主要有三种方式：重力场约束、惯性约束、磁约束。 太阳就是重力场约束，高温、高压导致热核聚变持续进行。 在地球的环境条件下，不可能产生太阳中心那样巨大的压力，因此必须有更高的温度，才能实现持续的热核聚变反应。 一般来说，在常规压强条件下，聚变燃料必须加热到 1 亿摄氏度以上才能产生连续的核聚变反应。 这种极高的温度，并伴随着巨大的能量释放，是地球上任何材料都难以承受的。 目前，科学家较多采用的是惯性约束型核聚变和磁约束型核聚变。 所谓惯性约束型核聚变一般采取激光约束技术，激光技术能够产生聚焦良好、能量巨大的脉冲光束，以此激发核聚变。 我国的神火装置采用的就是激光约束技术。 美国试验用激光约束技术作为核聚变的点火装置。 所谓磁约束型核聚变一般采取特殊形态的磁场把处于热核反应状态的超高温等离子体（物质的第四种形态）约束在有限的体积内，使它在受控的状态下发生原子核的聚变反应。 这是世界主要国家较多采用的一种热核聚变约束方式。

从 20 世纪 50 年代起，主要发达国家都在研究磁约束核聚变。 目前，磁约束核聚变装置的类型大体有托卡马克装置、仿星器、箍缩装置等。 托卡马克装置由苏联库尔恰托夫研究所的阿齐莫维齐等科学家发明。 托卡马克装置的中央是一个环形的真空室，外面缠绕着线圈，强大的电流通过线圈时会产生巨大的螺旋形磁场，成为高温等离子体的约束容器，控制热核聚变的持续反应。 这些年来，苏联和美国、英国、法国、日本等都曾建有托卡马克实验装置。 1985 年，苏联和美、欧、日联合启动"国际热核聚变实验堆（ITER）计划"。 ITER 计划采用的就是托卡马克式装置。 2003 年，中国决定加入"ITER 计划"。 2006 年 5 月，参与"ITER 计划"的美、俄、欧盟、中、日、印、韩共同签署合作协议，标志着"ITER 计划"进入实施阶段。"ITER 计划"将耗资 50 亿美元，历时约 35 年时间，合力建设世界上第一座核聚变实验堆。

中国在参加 ITER 计划的同时，2006 年，中国科学院等离子物理研究所在国际专家的合作指导下，建成了世界上第一个全超导非圆截面托卡马克核聚变实验装置（EAST）。 2017 年 7 月，EAST 实验装置实现了 101.2 秒稳态长脉冲高约束等离子体运行。 2018 年 11 月，EAST 实验装置又实现加热功率超过 10 兆瓦，等离子体温度首次达到了 1 亿摄氏度，创造了新的世界纪录。 仿星器由美国普林斯顿大学理论物理学教授莱曼·史匹哲发明，它的原理与托卡马克装置基本相同，特点是借助外导体的电流等产生的磁场对等离子体进行约束，结构虽然较复杂，但运行起来较为稳定。 2015 年 12 月，德国马克斯·普朗克研究所下属的等离子物理研究所宣布建成了世界上最大的仿星器核聚变装置（W7-X）。 这些年，美国还建造了最大的反场箍缩装置（MST），日本建成了超导大螺旋器装置（LHD），瑞典建成了反场箍缩装置（EXTRAT-2）等，人类共同期盼能够早日实现和平利用核聚变能源的愿景。

中国聚变之路

中国是一个能源消费大国，也是一个能源进口大国。 中国从能源安全出发，十分重视热核聚变能源的开发。 在中国科学院等离子物理研究所考察期间，我们了解了我国参与核聚变实验的大体历程。 1973 年，中国科学院在合肥成立了"受控热核反应研究实验站"。 1974

年，中国科学院物理研究所和电工研究所建成我国第一台托卡马克装置（CT-6）。 1978 年 9 月，中国科学院在合肥实验站基础上成立了等离子物理研究所，成为我国热核聚变研究的重要基地。 从实验站到研究所，先后建成常规磁体托卡马克 HT-6、HT-6B、HT-6M 等装置。1985 年 7 月，中国科学院上海光学精密机械研究所设计制造的激光 12 号装置（神光 1 号）建成，2001 年 8 月神光 2 号建成，神光 1 号、2 号为我国开展惯性约束核聚变研究作出了贡献。 1988 年 10 月，组建于 20 世纪 60 年代中期的原子核物理研究所改名为核工业西南物理研究所，重点从事核聚变能源开发研究，先后建成了中国环流器一号（HL-1A）、中国环流器二号（HL-2A）等。 中国科学技术大学、清华大学等也积极开展核聚变研究，推动中国核聚变能源的开发。

1988 年，"国际热核聚变实验堆（ITER）计划"启动后，中国积极参与该计划。 2005 年 6 月、2006 年 5 月，中国签署了"ITER 计划"的多个协议，正式加入"ITER 计划"。 2007 年 10 月 24 日，国际聚变能组织（简称 ITER 组织）成立，"ITER 计划"进入装置建造阶段。 按照相关的协议，ITER 装置建造总费用由东道方——欧盟承担 45.56%，其余 6 方各承担 9.09%。 中国承担 ITER 装置 9% 的采购包制造任务，实物贡献约占中方经费支出的 80%。 参加"ITER 计划"将全面掌握磁约束聚变技术成果，培养核聚变科研人才队伍，带动相关核聚变材料、设备的制造，推动我国核聚变能源的研究与开发。

1991 年至 1994 年，前苏联库尔恰托夫研究所将该所已经停止运行的 T-7 托卡马克装置赠送给中国。 中国科学院等离子物理研究所在接受 T-7 之后，所里专家学者在俄罗斯科研人员的参与下，对 T-7 装置进行了改造，改造后更名为"HT-7"装置。 1995 年 3 月，HT-7 装置联调成功，我国成为继俄、法、日之后第四个拥有超导托卡马克装置的国家。 在 HT-7 装置成功运行的基础上，2000 年 10 月，国家批准中国科学院等离子物理研究所承担的国家重大科学工程项目——"HT-7U"超导托卡马克核聚变实验装置开工建设。 2003 年 10 月，HT-7U 装置改名为"EAST"（先进超导托卡马克实验装置）。EAST 具有全超导和非圆截面特性，有利于等离子体的稳态运行。

2006年9月，EAST装置正式投入运行，在第一次等离子体放电实验中便获得了成功。2017年7月4日，中国科学院等离子体物理研究所宣布，国家大科学装置——世界上第一个全超导托卡马克实验装置（EAST）再传捷报，实现了长达101.2秒的稳态长脉冲高约束等离子体运行，创造了新的世界纪录。目前，中国的EAST装置已经获得1亿摄氏度的等离子体运行等多项重大突破，获得的实验参数逐步接近未来核聚变堆稳态运行模式所需要的物理条件，朝着未来核聚变堆实验迈出了稳健的步伐。

合肥托卡马克装置

在等离子物理研究所的园区内有一座宽敞明亮的厂房，我们在这里现场考察了EAST装置。整个EAST装置，主机高11米，直径8米，重400吨，由超高真空室、纵场线圈、内外冷屏、外真空杜瓦、支撑系统等六大部件组成。各种设备布满现场，围绕真空环圈的是形态各异的超导管线，高大的EAST装置显得十分气派。据现场专家介绍，EAST装置运行成功后，正在进行持续升级改造，为新的实验做好各种准备。EAST装置的实验目标为：在建成15年内，实现1兆安电流、1000秒放电、1亿摄氏度高参数等离子体的稳定运行。目前，EAST装置的许多运行数据在世界上处于领先地位，EAST装置研制过程中积累的制造能力已经能够为ITER装置提供相关设备制作。可以说，EAST装置的建成具有十分重大的科学意义。EAST装置建成后能对建造稳态托卡马克核聚变堆的前沿性物理问题进行实验研究。EAST装置虽仅为ITER装置的1/4，但位形与ITER装置相似，比

ITER 早 10 ~ 15 年投入运行，EAST 装置将成为国际上一个重要的稳态托卡马克物理实验基地。

中国科学院等离子物理研究所的专家告诉我们，我国在积极参与 ITER 计划国际合作以及开展 EAST 装置实验的同时，正在规划建设中国聚变工程实验堆（CFETR），这将是一个核聚变电站的整体实验装置，中国将为世界核聚变能源开发作出自己的贡献。

纳米技术开辟科技新天地

生命不过一粒微尘，比微尘还容易被风吹落到一个生地方的是命运。

——沈从文（中国作家）

我喜欢看科技新闻，经常在新闻中看到关于纳米技术的新闻报道，说是纳米技术研究又获得了新的突破，研制出神奇的纳米新产品等。 在媒体的渲染下，无所不能的纳米技术具有了魔幻般的魅力，常常会给人带来意想不到的种种惊喜。 我曾尝试买过一款所谓纳米手机贴膜，据说它与钢化玻璃一样坚硬，但又像聚酯贴膜一般柔软（广告语）。 我将它贴在手机上使用至今，因我的手机还没有摔过，它的坚硬始终得不到验证。

对纳米技术的好奇，使我萌生了前往中国科学院苏州纳米技术和纳米仿生研究所一探究竟的想法。 这个纳米研究所位于苏州美丽的金鸡湖畔，是我国纳米技术研究的一个重要机构。 一个偶然的机会，我去苏州调研海外人才引进，调研单位安排我去这个纳米研究所考察，真让我喜出望外。 苏州纳米研究所人才济济，海外归国人员尤其为多。 这些年轻人思想活跃，视野开阔，具有良好的专业背景，充满了意趣睿智。 他们说起纳米技术，如数家珍，娓娓道来，一点点撩开纳米技术的神秘面纱，让人听了欲罢不能。

微观世界的精灵

中科院苏州纳米所有一个纳米知识展览，图文并茂地介绍了纳米技术的基本概念。 所谓纳米，又称毫微米，它与分米、厘米、毫米一样，都是长度的度量单位，英文为 nanometer，法定单位符号为"nm"。 那么，1纳米究竟有多长呢？ 我们都知道，1米的千分之一是1毫米，1毫米的千分之一是1微米，而1微米的千分之一就是1纳米。 用数学式表达：1纳米＝10^{-9}米。 一般来说，我们可以用纳米尺度去计量分子、原子和病毒等显微物质的大小状况。 例如气体分子的直径约为0.1~0.2纳米，氢原子的直径约为0.08纳米，生物体内病毒的直径约为几十纳米，前几年出现的非典（SARS）病毒的直径约为80~120纳米等。

最早提出纳米技术概念的是美国著名物理学家理查德·费曼。 1959年，他在题为"在底部还有很大空间"的演讲中指出：物理学的规律不排除一个原子接着一个原子地制造物品的可能性。 1974年，东京理科大学教授谷口纪男第一次使用纳米技术一词描述精密机械加工。 20世纪70年代，纳米技术逐步兴起。 20世纪80年代初，德国科学家发明了纳米技术研究的重要仪器——扫描隧道显微镜（STM）、原子力显微镜（AFM）等微观表征和操纵技术，打开了人类对微观世界观察的大门。 扫描隧道显微镜是根据量子力学中的隧道效应原理，通过探测固体表面原子中电子的隧道电流来分辨固体表面形貌的显微装置，对纳米技术的发展起到了极大的促进作用。 1990 年 7 月，第一届国际纳米科学技术会议在美国巴尔的摩与第五届国际扫描隧道显微镜会议同时召开。 《纳米技术》与《纳米生物学》两本国际性专业期刊也应运而生，相继问世。 这些都标志着纳米技术正式登上了历史舞台，纳米技术迎来了蓬勃发展的春天。

通常来说，纳米技术是指在纳米尺度（1～100 纳米之间）范围研究物质（包括原子、分子的操纵）的特性（主要是量子特性）和相互作用以及利用这些特性的多学科交叉的科学与技术。 科学家们在研究物质构成的过程中，发现当物质小至 1～100 纳米时，纳米粒子的表面效应、量子能级效应、量子隧道效应都会产生巨大的质变，导致纳米粒子的光、电、磁、热、声及超导电性等性能呈现出许多既与宏观物体不同，也与单个孤立原子不同的奇异现象。 纳米技术就是利用物质在纳米尺度内表现出来的新颖的化学、物理和生物等特性，制造出具有特定性能或功效的材料、器件和生物制品。

这些年来，纳米技术主要在这样几个领域取得了明显进展：一是纳米材料技术，主要是指制造以纳米尺度为基本单元构成的新型材料。 从 20 世纪 80 年代开始，新型的纳米材料蓬勃发展。 二是纳米器件技术，主要是指利用纳米级加工和制备技术，制作具有纳米尺度和特定功能的纳米器件，例如分子剪刀、纳米机器人、量子计算机等。 20 世纪末期，纳米器件技术迅速崛起。 三是纳米生物技术，主要是指纳米技术与生物学结合，研究生命现象的纳米技术。 许多国家将纳米生物技术列为 21 世纪重点发展的前沿技术。 总体上讲，纳米技术是涵盖纳米物理学、纳米机械学、纳米材料学、纳米电子学、纳米生物学等众多学科的一种新技术、新科学。

著名科学家爱因斯坦曾经说过：未来科学的发展无非是继续向宏观世界和微观世界进军。 纳米技术成为了人类向微观世界进军的一个重要标志。

点石成金的技艺

　　纳米是那么微小，纳米又是那么神奇！人们究竟是如何制作这些微小而又神奇的纳米物品呢？中科院苏州纳米所陪同调研的小郑工程师告诉我：从某种程度上讲，我们的古人就会制作纳米物品。我国安徽歙县出产的著名徽墨，主要原料是松烟凝结成的黑灰，在凝结的初期会有看不到的细小纳米级颗粒。一般来说，制墨时所用的黑灰越细，墨的保色时间越长，书写效果也就越好，这就是纳米技术的功效。

　　自从纳米概念提出以后，纳米的神奇功效激励着科学家与工程师们不断创新纳米技术。在1990年以前，纳米科学家主要是在实验室内探索采用各种手段制备不同材料的纳米粒子，探索纳米材料不同寻常的特殊性能。1990年以后，纳米科学家与工程师合作，在生产及实际工程领域研制纳米材料和各种纳米器件，纳米技术有了更为迅速的发展。

　　最初，纳米材料的制备较多采用传统的物理方法。常见的有机械球磨法、物理粉碎法和真空冷凝法等。机械球磨法是采用球磨方法，控制适当的条件得到纯元素、合金或复合材料的纳米粒子。物理粉碎法是采用机械粉碎、电火花爆破等方法得到纳米粒子。真空冷凝法是采用真空蒸发、加热、高频感应等工艺，然后骤冷的方法使得原料气化或结晶形成纳米粒子。此外，工业生产中制造纳米材料的方法还有凝聚法、爆破法、高能加工法、水热合成法、溶胶凝胶法、辐射合成法、电离蒸发沉淀法等。不同的物质采用不同的方法，新的纳米材料制备方法仍在不断丰富。

　　在扫描隧道显微镜（STM）系列出现之后，人们利用STM直接观察测试原子和分子的特性，借助STM探针与样品之间的作用力移动单个原子、单个分子，组成纳米结构。1990年，美国IBM公司的工程师利用扫描探针将 35 个原子移动到各自的位置，组成了"IBM"三个字母。 1993 年，中国科学院北京真空物理实验室的科学家也操纵原子组成了"中国"两字。 STM 在纳米科研、加工和纳米器件制作等方面发挥了日益重要的作用。

在微电子领域，超大规模集成电路生产技术不断取得新的进步。现代集成电路生产主要采用激光束、电子束、离子束、质子束等高能粒子投影光刻结合移相掩模技术，在一块硅片上可以集成的晶体管数量达到了几十亿、上百亿个，晶体管之间连接的线宽仅仅为数纳米。超大规模集成电路组成的计算机体积更小，能耗更低，运行速度更快。

在生命科学领域，纳米技术与生物技术相结合，产生了纳米生物技术。 纳米生物技术在生命科学研究和疾病诊断、治疗等方面发挥着重要作用。 从当前来看，纳米生物技术发展重点在生物芯片、纳米探针、生物荧光标记、分子马达、纳米分子筛等前沿领域展开。 生物芯片包括细胞芯片、蛋白质芯片和基因芯片等，主要在病理分析方面发挥重要作用。 纳米探针运用纳米粒子的多种奇异特性，可在生命环境中检测生物分子，成为病理检测的重要手段。 生物荧光标记采用纳米粒子作为标记，以显示生物细胞的活性状态，多用于药物设计及治疗等。 分子马达是利用生物大分子的化学能做功的纳米生物器件，属于微型机器人的核心元件，具有多种功能。 纳米分子筛运用纳米技术形成均匀的微孔结构，具有筛选"分子"的功能，在基因测序等方面有着广泛的应用价值。 纳米生物技术使得医疗诊断更精准、疾病治疗更有效，为生命科学发展提供了新思路。

创造奇迹的未来

这些年来，纳米技术发展迅速，尤其是在纳米新材料的研制上不断取得新成果；而在纳米器件的制作方面，也不断有新概念、新产品的消息传来，但在实际生产、生活中的运用却并不常见，许多纳米器件仍是实验室的产物，并没有实现商业化推广。 因此讲，我们听到的要比看到的多。 究其原因是，纳米粒子实在是太小了，必须借助实验室的设备才能观察和操纵，离大规模的商业化生产仍有较大距离。 但这些纳米技术新概念、新制作仍给我们无限希望，纳米天地充满了神奇。 从理论上讲，任何一种物质都能够纳米化，纳米粒子也能够制作任何一种纳米器件。 微观世界别有一番奇妙天地，纳米技术将给人类社会的科技生活带来无限的惊喜。

大千世界，造化无穷。 从物理学角度看，构成物质大厦的基本"砖块"只不过是几十种基本粒子；从化学角度看，构成物质大厦的基本"砖块"不外乎元素周期表上 118 种元素。 如果我们能够将这 118 种元素全部纳米化，并逐一发现 118 种元素纳米化后的特异性能，制定一张纳米元素表，作为制作纳米材料的基础；然后尝试不同纳米元素的化学反应和物理复合，不仅能够发现各种奇异性能的纳米材料，还能够由此探索物质构成的许多奥秘。

纳米材料真奇妙，用纳米材料制作的纳米器件一定会更加神奇。纳米计算机是未来计算机发展的方向之一。 计算机专家预测，今后十年内，计算机芯片的生产技术将达到极限，导致摩尔定律失效。 微型计算机的未来发展必须另辟蹊径，重点发展全新概念的纳米计算机，包括光子计算机、量子计算机、生物计算机等。 纳米计算机速度更快，能耗更低，有着多种的特殊功能。 所谓光子计算机是一种由光信号进行数字运算、逻辑操作、信息存储和处理的新型计算机，光子计算机以光子作为传递信息的载体。 所谓量子计算机是一种遵循量子物理规律进行高速数学和逻辑运算、存储及处理量子信息的计算机，量子计算机计算和处理的是量子信息，运行的是量子算法。 所谓生物计算机是一种以蛋白质分子作为信息数据，以生物酶及生物操作作为信息处理工具的计算机模型。 生物计算机是基于生化反应机理的仿生计算机。 目前，光子计算机、量子计算机、生物计算机都仍处于概念和实验阶段，但在未来计算机的发展中会发挥重要的作用。

纳米技术是一种高新技术。 通常来讲，在国家层面，高新技术往往率先用于国防建设；在社会层面，高新技术往往优先适用于医疗健康事业。 纳米医学是未来医疗发展的一个重要方向,纳米技术除了在医疗诊断检测、药物输送与释放等方面得到广泛运用之外,纳米医学材料在制作人工骨、人工齿、人工关节、人工肌腱、人工鼻、人工眼球,甚至人工器官等方面都将发挥重要作用。 许多纳米医学材料属于生物兼容物质,能够与人体生理系统相适应,不产生排异反应,成为理想的仿生材料。 纳米医学研究人员还能够利用纳米生物技术制作纳米人工红细胞、纳米人工线粒体等,今后将有更多的生命物质运用纳米技术实现人工制造。 据《自然·纳米技术》期刊报告,美国俄亥俄州立大学的研究人员还开发一种组织纳米转染(TNT)技术,通过纳米芯片刺激,可使受伤或受损的器官实现再生。

纳米技术是一项新兴技术,前途十分广阔,但在许多方面仍不完备,近几年纳米材料的安全性也引起了各方面的高度关注。 我们知道,物质在纳米尺度会表现出特殊的性能,许多纳米材料十分微小,渗透性很强,而一些纳米材料具有一定的毒性,万一进入环境或人体,将造成不可估量的损失与危害。 2011 年,美国颁布了《纳米技术环境、健康、安全研究白皮书》,并启动了"安全研究计划"。 2012 年,德国发布了《纳米材料评估工具报告》。 近几年,我国国家纳米中心联合北京大学、上海大学、南京大学等开展了"重要纳米材料的生物效应机制与安全性评价研究",提出要建立纳米技术风险评价体系,确保纳米技术应用的安全性,以更好地造福人类社会。

天才儿童与学龄前儿童的养育

> 人的教育在他出生的时候就开始了，在能够说话和听别人说话以前，他已经受到教育了。
>
> ——卢梭《爱弥尔》

说起中国式的教育，许多人都忘不了那句刻骨铭心的格言：不要让孩子输在了起跑线上！正是这么一句格言，在现实生活中，把许多的家长和孩子逼到了没有退路的境况。我们不禁要问，假设每一个孩子站在了同一条起跑线上，我们就能够确保每一个孩子都能同时到达到终点吗？更进一步说，假设某一个孩子在同一起跑线上比其他孩子多跑了几步，便能够确保最后率先到达终点吗？显然，答案是否定的。我们要说的是，教育不是万能的。

教育的功效是科学的教育方法与受教育对象的主客观因素共同作

用的结果。 除却科学的教育方法先不说，受教育对象的主客观因素主要是两个方面，一方面是受教育对象的智力状况（理解能力）；另一方面是受教育对象的教育接受程度（学习习惯）。 从现代基因学、生理学、教育学的维度对受教育对象的状况作分析，我们可以初步得出三个结论：基因遗传是智力形成的前提，健康发育是智力成长的基础，良好的习惯养成是智力拓展的关键。 一般来说，这三个因素在每一个人的儿童时期、尤其是儿童的学龄前期（0～7岁）已经大体确定。 正如古人所言：三岁看到大，七岁看到老。 由此而言，在儿童的学龄前期，一个孩子智力遗传因素既定的状况下，十分重要的是健康发育和习惯养成，而不是急于进行高强度的强迫教育。 健康发育和习惯养成的基础打好了，未来的学习教育就能达到事半功倍的效果。

天才儿童是存在的

一个人的聪明才智是先天决定的还是后天决定的，这是一个古老的话题。 所谓天才，顾名思义，是指具有天生才能的人。 所谓具有天生的才能，也可称为天赋，即出生便拥有了某种天然的资质或潜力，这种资质和潜力包含了一定的智力或一定的艺术和体质潜力等。 中国古人是认可天才存在的，《易经》提出"三才之道"，即天才、地才及人才。 古希腊哲学家柏拉图称聪明异常的儿童为"金人"，体现了"珍贵、稀有"的意思。

从近代开始，许多社会学家、心理学家采用社会调查与分析的方法，对天才现象进行深入研究。 19世纪中叶，英国科学家弗朗西斯·高尔顿通过对900多名历史人物家谱的调查分析，较早提出了天才是由遗传决定的观点。 1869年，高尔顿出版了《遗传的天才》一书，影响十分久远。 1904年，英国统计学家查尔斯·斯皮尔曼在社会调查中发现，在某一学科得高分的学生，往往在其他学科也得高分，他把这称为广义智慧，简称"G"。 斯皮尔曼著有《智力的性质和认知的原理》等，对人的智力作了广泛的研究。 从1921年开始，美国斯坦福大学心理学家刘易斯·特曼采用智商（IQ）测试的方法，对挑选出的约1500名高智商儿童进行长期观察。他把智商（IQ）测试分值达到或超过140定为天才儿童的临界线。在30多年的研究中，特曼发表了多篇论文与著作，在人才研究史上书写了精彩的一页。

20世纪70年代，美国一些学者热衷于从世界各地寻找从小分离、在不同家庭环境成长的孪生子，然后把他们找到一起测试他们成年后的智商状况，结果发现：在一起长大的同卵双生子的智力相关性约为86％，从小被分离的同卵双生子的智力相关性约为76％，在一起长大的异卵双生子的智力相关性约为55％，而亲生父母不同却被同一家庭收养的孩子的智力相关性为零等。这些研究的结论都证实了遗传对人的智力的影响。

自从基因科学诞生之后，许多学者开始关注基因与智力的关系。这些年来，美国每年会挑选学习成绩优异的青少年（IQ分值在160左右）在爱荷华州举办一个夏令营。英国剑桥大学教授罗伯特·普洛敏得知这一情况之后，获准为参与夏令营的青少年检测DNA，最后在6号染色体上发现一个标记突出的共同基因，即IGF2R基因，他称之为天赋基因。普洛敏也对大量同卵双生子的遗传基因进行研究。他研究后认为，人们的成功有32％～62％是由先天遗传基因决定的，基因主宰着生命的基本特征，决定了人的天赋。

从现代的研究来看，儿童的智力差异是客观存在的，某些儿童具有异常的高智商，被称为天才儿童。这种差异及天才儿童存在的主要原因是遗传基因的作用。一般来说，社会学家从社会公平与平等的原则出发，反对过度强调遗传基因所导致的智力差异。客观上，在社会生活中，天才儿童并不一定是将来社会的成功者，现实社会的成功者之路是极其复杂的，智力并不是唯一决定因素。

健康发育是王道

我们知道，基因是生命生长发育的蓝图。在生命萌发后，便按照基因绘制的图谱，一步步从胚胎发育成人。 所谓发育，就是多细胞生命从单细胞受精卵到成体经历的一系列变化。 可以讲，发育是生命成长的一个重要过程。 这个过程大体可以分为胚胎期、胎儿期、婴幼儿期、儿童期、青春期五个阶段。 在这五个阶段中，会出现两次发育高峰，一次是婴幼儿期，一次是青春期。 婴幼儿期主要是人体器官和大脑的发育，青春期主要是生殖系统和肢体的发育。 经过青春期，人体各方面发育成熟，即可称为成人。

从人的智力成长过程来看，从胚胎期到婴幼儿期的发育十分重要。 人体受精卵着床（一般为受精后第 12 天），便开始启动生命之旅。 受精后至第 8 周为胚胎期，受精卵发育大体成人形。 第 8 周至出生时为胎儿期，胎儿身体的各部分渐次发育，第 28 周（7 个月）达到"生存年龄"，胎儿满足了维持个体生命的基本要求，这时早产一般可以存活；而后胎儿积聚脂肪，胎体丰满，到 10 个月顺利出生。 胎儿出生后一年内为婴儿期，这是婴儿各方面发育最快的一个时期。 1 周岁至 3 周岁为幼儿期，在幼儿 3 周岁时器官发育状况一般可达到成人 80％左右的水平，大脑容量约为 1200 毫升。 由此而言，从胚胎期至婴幼儿期这一阶段，这是每一个人内在发育的重要时段。 人体器官和大脑的充分发育，奠定了人的一生健康生活、智力完善的基础，必须十分重视婴幼儿这一阶段的健康发育。

胚胎期、胎儿期是胎儿器官萌发和分化的重要阶段。 这一阶段，胚胎和胎儿的发育主要依赖母体。 作为孕妇的母亲必须保证睡眠充足，均衡摄入营养，科学运动锻炼，保持心情愉悦，避免感冒等症状，为胎儿健康发育营造一个良好的生长环境。 许多专家强调，胎儿期育重于教。 一般来说，胎儿在 3 个月时就有了味觉，5 个月时就有了听觉，妊娠末期就有了嗅觉和触觉。 在怀孕的不同时期，母亲与胎儿轻声交流、抚摸，播放一些舒缓、轻柔的音乐，胎儿都能有所感觉，建立一定的条件反射，有利于胎儿器官和大脑等的发育。

胎儿出生后的婴幼儿期至学龄前期（一般为 7 周岁）仍是一个人一生中生长、发育较快的一个时期。 从生理学讲，生长是指身体各组织系统和器官的长大，表现为量的变化，为发育的物质基础；发育是指各组织系统和器官功能上的分化及成熟，表现为质的变化。 人体的生长与发育是相互作用的，各器官的良好发育也是智力成长的一个重要基础。 婴幼儿保健强调婴幼儿的营养、睡眠、运动、情绪等，目的是保证婴幼儿的健康发育。 婴幼儿的大脑发育非常快，3周岁时大脑容量也达到成人80％左右的水平，脑细胞分化基本完成。 4周岁时小脑发育基本完成，婴幼儿的各种动作更加协调。 人的大脑是通过感官与肢体接触外部世界的，大脑的发育需要适度的感官刺激和肢体训练，让婴幼儿的感觉器官、身躯肢体与大脑的发育起到相互促进的作用。 从3周岁至学龄前期，儿童大脑发育的重点是趋向功能完善，必须经常给儿童以新的体验，接触自然，接触社会，进行适当的记忆训练，帮助儿童大脑的功能逐渐趋于完善。

良好习惯益终身

著名教育家叶圣陶先生说过："什么是教育？ 简单一句话，就是养成良好的习惯。"习惯的力量是巨大的，它无时无刻不在影响着我们的思维方式和行为规范，几乎每一天，我们所做的每一件事情，都有习惯在起着作用。 我们每一个人都有各种各样的习惯，在众多习惯之中，能够成就一生的自然是那些良好的习惯。 许多研究表明，儿童期，特别是幼儿（1周岁）至学龄前（7周岁）这一年龄段是每一个人习惯养成的关键时期，必须十分重视儿童良好习惯的培养。

1980年，英国伦敦精神病学研究所卡斯比教授同伦敦国王学院的专家学者们共同进行了一次观察实验，他们观察的对象是当地1000名3岁儿童。 他们在对这些儿童测试后分为充满自信、良好适应、沉默寡言、自我约束、坐立不安五个大类。 到2003年，当这些孩子长大到26岁时，卡斯比教授等人再次对他们进行测试和观察，发现这些孩子长大后的性格特征与3岁时变化不明显。 研究表明，人的性格在童年时期的早期就能形成，从几岁的孩子身上可以预测出他（她）成年后的一些行为。 因此，从小培养孩子形成良好习惯非常重要，这是给予孩子的一笔巨大财富。 我们常讲，思想决定行为，行为决定习惯，习惯决定性格，性格决定命运。 从小养成的习惯很可能决定他（她）一生的命运。

一个人的良好习惯有许多种类型。 就婴幼儿及儿童的习惯养成来说，不同的年龄段可以重点培养不同的习惯。 一般来说，18个月～30个月，以培养行为习惯为主；2周岁半～3周岁，以培养生活习惯为主；3周岁～4周岁，以培养活动习惯为主；4周岁～5周岁，以培养合作习惯为主；5周岁～7周岁，以培养学习习惯为主。 应该讲，良好习惯的养成是一切教育的坚实基础。

在众多的习惯养成之中，培养儿童良好的学习习惯十分重要。 良好的学习习惯有多种表现，许多表现优良的儿童都有着体现自己个性化特点的良好学习习惯，而概括起来则可以表述为：爱动脑筋，好学善问；喜欢阅读，勤于思考；上课专心，完成作业；作息有序，生活规律；自信独立，乐观上进等。 总之，要在热爱学习的思想基础上，培养善于学习的各种行为习惯。

儿童良好习惯的养成是一个渐进的过程。 一般来讲，可以分为三个阶段，即尝试、训练、形成。 对家长来说，必须要有一个完整的目标，制订一个可行的训练计划，营造良好的家庭环境，努力做到持之以恒。 在训练过程中，父母一定要以身作则，当好孩子的榜样，父母在孩子面前是一本永远打开的书，父母的言传身教比什么都重要。 对孩子来说，学龄前儿童的模仿性、可塑性较强，要多采取暗示法、鼓励法、引导法、示范法等，对好的习惯，努力激发孩子愿意去做；对不好的习惯，认真告诉孩子不要去做。 通常来说，好习惯大都是训练成的，坏习惯大都是模仿来的。 学龄前儿童的教育要以培养良好习惯为重点，让优秀逐渐成为一种习惯。

从2岁开始，孩子的自我意识开始形成。 这时，孩子进入了发育过程中的第一个反叛期，所谓"执拗敏感期"。 他（她）努力以某种反叛行为，将自我意识与他人意识区分开来。 对孩子的这种反叛现象，父母既要理解，又不能娇宠；而要以足够的耐心加以引导。 这时期的孩子往往比较敏感，会以哭闹的方式试探周围环境对他（她）自我意识的认可。 对这时孩子的哭闹，最好的处理方法是漠视，以不予理睬的方式转移孩子的注意力。 待孩子情绪逐步稳定之后，慢慢给予疏导。 这一关过去了，孩子的性格习惯也逐渐养成了。

总体上讲，在现代社会里，绝大多数的成功人士主要为三类人：特别聪明（天才）的人，特别勤奋（学霸）的人，命运特别眷顾（幸运儿）的人。 在每一位父母对自己的孩子寄予无限期望的时候，不妨对自己的孩子认真作一番评估，您的孩子最可能属于哪一类人呢？

中国人造肉的市场前景与产业策略

随着时间的推移，人造牛肉的味道会更好！

——比尔·盖茨（美国企业家）

2020 年 4 月 20 日，肯德基正式宣布在国内公测"植培黄金鸡块"。据介绍，肯德基中国此次公测的"植培黄金鸡块"，原材料为"人造植物肉"，主要成分为大豆蛋白、小麦蛋白和豌豆蛋白，产品不含胆固醇，具有接近肉类的口感。"植培黄金鸡块"在公测阶段的售价为 1.99 元每 5 块，网上预订的首批体验预售券在发售后不久便被申领一空。第二天，星巴克也宣布将与新膳客合作于近期在中国推出一份基于植物蛋白的人造肉午餐菜单，并包括了全新的燕麦奶（植物奶）饮品系列等。新膳客是一家美国的人造植物肉公司，首次进入中国市场。 肯德基的消息公布后，在当天的中国 A 股市场上，具有人造肉概念的双塔食品、京粮控股、丰乐种业等股票大涨，人造肉指数整体上涨 2.77％。 让许多人惊呼：人造肉真的来了！

人造肉——人类的食品革命

人类总体上是杂食动物，食肉是大多数人与生俱来的习惯。 从农业诞生之日起，人类即栽培植物与驯养家畜。 人类日常食用的肉类，主要来自人工饲养的家禽、家畜及水产品等。 有一天，人类突然用现代科技的方法制造食用肉类，这无疑是人类的一场食品革命。

所谓的人造肉，一般分为两种：一种是细胞培育肉，主要是利用干细胞技术，将取自动物的干细胞放入适宜的培养基内，培育出可以食用的动物肌肉组织。 一种是人造植物肉，主要是利用现代食品加工技术，提取豆类蛋白、小麦蛋白及其他植物蛋白，加工成具有肉类风味的植物肉。 细胞培育肉在世界上多个生物实验室已经培育成功，但终因成本巨大，面向市场仍有很长的路要走；而人造植物肉有着富含蛋白质、低脂肪及易于生产等特点，已经成为食品市场的新宠儿。

从目前来看，人造植物肉更具有市场的前景；而用豆类蛋白制作人造肉其实是一个老概念。 据说 20 世纪 30 年代的英国前首相丘吉尔曾极富预见地说过："再过 50 年，我们就不用再做'为了吃个鸡翅就把整只鸡养起来'这种荒唐事了。"20 世纪中期，美国化学家波耶也曾设想用大豆榨油后的残渣制造"人造肉"，并取得了"人造肉"的发明专利。 中国人制作豆腐有两千多年的历史。 在许多素菜馆，用豆类制作的"素鸡"等代替肉食也是传统的佳肴。 但是，传统的豆制品或早期人造肉与现在的人造植物肉相比有着本质的区别。

首先，原料不完全相同。 传统的豆制品或早期人造肉的制作以大豆为原料，而现在的人造植物肉生产更多是以豌豆等为主要原料。 豌豆与大豆相比，豌豆为全价植物蛋白，含有种类较为齐全的人类必需氨基酸、豌豆无过敏原、无胀气感，不含雌性激素，目前尚未有转基因豌豆，豌豆蛋白是一种优质豆类蛋白。

其次，制作工艺不同。 传统豆制品采取化学法、发酵法生产，现在人造植物肉采用物理法新工艺。 传统豆腐经过制浆、点卤等工序，豆制品在豆腐基础上通过挤、压、蒸煮等热加工，形成类似肉的口感。 人造植物肉一般采取高水分双螺杆挤压膨化工艺，挤压出来的豆类蛋白形成了具有一定纤维且多孔结构的高水分拉丝蛋白，豆类拉丝蛋白在口感上更接近于肉的品质。

再次，添加的配料不同。 传统的豆制品或早期的人造肉原料比较单一，通常不添加配料，制成品豆类感觉仍较明显。 人造植物肉使用椰子油或葵花籽油等油脂丰富口感，采取大豆血红蛋白作为人造肉的着色剂，添加各种天然维生素及调味料使营养更全面。 因此讲，人造植物肉是全新概念的新型食品。 在许多地方，各种风味的人造植物肉产品上市之后即受到了消费者的热情追捧！

人造肉——新型食品的意义

人造植物肉是一种新型食品。 这种新型食品的意义，不在于它不是肉而具有类似肉的独特风味，更在于它能够在一定程度上替代人们的肉食习惯，减少人们的食肉量，从而对调整农业生产结构，确保粮食安全，减少耕地及水资源占用，改善生态环境等，产生具有历史性的重大意义。

我们知道，中国有 14.07 亿人口，2016 年末耕地保有量为 20.24 亿亩，人均耕地仅 1.44 亩，确保粮食安全的压力十分巨大。 随着我国经济持续增长，人民群众生活改善，食品消费结构逐渐发生变化。据统计，1979 年我国人均消费肉类 13.4 千克，到 2011 年我国人均消费肉类即超过了 60 千克，此后一直稳定在 60 千克以上，达到了发达国家人均消费肉类的标准。 人们肉类消费的增加对畜牧业的发展提出了迫切的要求。《全国农业现代化规划（2016—2020年）》提出，到2020年，我国畜牧业产值占农业总产值的比重要达到30%。而许多研究数据表明，畜禽生产需要消耗大量的饲料粮与水资源，占用较多的农业用地，并对生态环境造成一定的影响。从2015年以来，我国粮食进口量维持在约1亿吨以上，其中相当一部分粮食用于饲料生产。近两年来，许多地方受环境容量限制，对畜禽生产采取了一些限制措施，加上非洲猪瘟的影响，导致生猪出栏量下降。2019年，我国全年进口猪肉210.8万吨，增加75%；进口牛肉165.9万吨，增加59.7%。由此表明，我国的畜禽生产与肉类产品的供应，在很大程度上仍需依赖进口饲料粮并进口肉类产品作为补充。这对我国的农产品贸易与国际收支平衡十分不利。

人造植物肉的出现，对我国调整农业生产布局结构，在更广意义上确保粮食安全，带来了一个新的契机。一般来说，人造植物肉产业每生产1千克组织蛋白仅需要消耗1千克粮食，而畜禽业每生产1千克纤维蛋白需要消耗2～6千克粮食（鸡肉2千克、牛肉6千克），人造植物肉产业的粮肉转换效率要大大高于畜禽业。人造植物肉生产在温室气体排放、水资源消耗、农业用地占用及对生态环境的影响等方面与畜禽业相比也具有更大的优势。而人造植物肉产品与传统肉类产品在品质上相比，却没有明显的差异。2020年第三期《环球科学》刊登了美国学者马克·菲谢蒂撰写的《人造肉营养分析》，他将美国市场上常见的"超越汉堡"等4种人造植物肉汉堡与传统的西式牛肉汉堡做对比，列举了脂肪、饱和脂肪酸、胆固醇、钠、碳水化合物、食用纤维、蛋白质、维生素A、钙、铁、维生素C及卡路里共12项指标，除牛肉汉堡的胆固醇数据要高于人造肉汉堡，人造肉汉堡的钠数据要高于牛肉汉堡之外，其他数据都大体相仿。一般来说，传统肉类产品的营养成分是固定的，而人造植物肉产品的营养成分是可以随着配料的改变而优化的，未来的人造植物肉产品更加值得令人期待。

人造植物肉与传统的肉类相比，具有一样的营养品质，而在粮食、水资源消耗方面更有优势，对生态环境的影响能够控制在更小范围，这毫无疑问是未来人类食品发展的方向之一。

人造肉——新兴产业的策略

从中国食品需求和农业生产的实际出发，我们应当实行鼓励人造植物肉生产发展的产业策略，使得人造植物肉逐渐成为人们日常食品的重要组成部分。 自从新的人造植物肉食品问世以来，我国一些食品研究机构及高等院校、食品企业十分重视，积极开展人造植物肉的研究与开发，也初步推出了一些人造植物肉产品；但在总体上讲，我国人造植物肉的研制与国际上一些大型食品企业相比，仍有差距。 我国的人造植物肉产业才刚起步，在产能、口感、品种、成本等方面有着许多亟待解决的问题。 我们建议：国家有关部门应当集中食品研究机构及高等院校、食品企业的力量，积极推进产学研相结合的人造肉研究，对人造肉产业发展中的一些关键问题组织联合科技攻关，抓紧制定我国人造植物肉产业的发展规划，尽快形成具有中国特色的人造肉研发与生产体系，满足国内逐渐增长的人造肉市场需求。

当前，在我国人造植物肉产业的发展过程中，迫切需要解决好以下几个主要问题：

一是努力培育优良豌豆品种，建立规模化的豌豆生产基地。 豌豆是人造植物肉生产的重要原料；豌豆的原产地在地中海及中亚地区。我国引种豌豆已有两千多年的历史，现主要产区在东北及四川、河南、湖北、江苏、江西、青海等省。 北方主要是硬荚的菜、饲兼用型品种，南方主要是软荚的菜用品种，主要品种有中国农业科学院培育的中豌系列等。 今后，农业科研及生产主管部门要适应豌豆蛋白生产的需要，努力培育具有优良豌豆蛋白基因的新品种，建立规模化的豌豆生产基地，研制豌豆收获与加工机械，增强豌豆蛋白的加工能力，逐步形成我国豌豆蛋白的生产加工产业链。

二是大力研制人造肉生产设备，为产业发展提供装备支撑。 人造植物肉是一个新兴产业，尚未有定型的人造肉生产专门设备，通常是利用现有食品机械设备组合而成。 人造植物肉的生产设备主要是拉丝蛋白生产线，一般由拌粉机、螺旋提料机、双螺杆挤压膨化机、切断机、风送机、烘干机、冷却输送机等构成，核心设备是双螺杆挤压膨化机。 经过双螺杆挤压膨化使豆类蛋白分子排列整齐，含有与肉类似的多孔组织，拥有良好的似肉食品咀嚼性与保水性。 这几年，我国拉丝蛋白生产设备发展较快，具备了整套生产线的设备制造能力，但设备的性能与国外先进设备相比仍有差距。 工业主管部门要重视人造肉生产设备的研制，增强设备的工艺性能，提高设备的信息化、智能化水平，缩小与国外高端设备的差距，逐步形成专门的人造肉生产系列装备。

三是积极开展人造肉配料研究，丰富人造肉的品种与风味。 在人造植物肉的生产过程中，一般会在豆类蛋白的基础上添加各种配料，丰富人造肉食品的风味与营养，在色香味方面与肉类产品相媲美。 不同的人造肉企业采取不同的配料，产生不同的食品风味，形成不同的食品品种，这是各人造肉企业市场竞争的奥秘所在。 因此，各食品企业要重视人造肉食品的配料研究，更多采取天然、无害的植物配料，努力调配符合中国人口感的中国风味，制作中国老百姓喜闻乐见的人造植物肉食品，并形成技术专利，增强中国人造植物肉食品的市场竞争能力。

四是抓紧制定人造肉国家标准，确保人造肉市场健康发展。 人造植物肉市场正在逐渐启动，极有可能成为各类资本追逐的下一个风口。 为了确保人造肉市场的健康发展，必须抓紧制定人造肉产品的国家标准。 据了解，中国工程院有关科研机构正在展开人造肉国家标准的研究工作。 国家食品监管部门要加快推进人造肉产品国家标准的制定，建立科学严谨的法律法规，明确政府部门的监管责任，将人造植物肉产业的发展建立在规范、有序的基础之上，使得人造植物肉产业真正成为一个朝气蓬勃的新兴产业！

代餐食物：一场食物革命的盛宴

人为生而食，非为食而生。

——本杰明·富兰克林（美国物理学家）

新冠疫情拉开了人们的社交距离，却没料到促成了代餐食品的崛起。代餐食品是一种能够取代部分或全部正餐的营养食品。数年前，我曾留意过代餐食品，并在知乎上参与过代餐食品的讨论，但在当时并没引起更多的社会关注。稍不留神，代餐食品的风口陡现。如今，打开电脑输入"代餐"两字，各式各样的代餐食品立马跳了出来，从代餐奶昔到代餐饼干、代餐粉、代餐棒等占满了屏幕。微信朋友圈推送着代餐食品的广告，当红带货主播的直播间内频现品牌代餐食品的身影。我真切地感受到，与绿柳飞扬的春天脚步一样，代餐食品的春天也正向我们走来，她踩着热烈且时尚的舞步，迫不及待掀起一场食物革命的狂欢！

代餐食品的崛起

　　追根溯源，代餐食品并不是一个新鲜事物。 早在 20 世纪四十年代，生理学家即确定了一个人在严重限制食物期间所必需的主要营养成分。 50 年代后期，太空载人飞行出现，需要开发营养全面且高度紧凑的液体膳食，这就是最初的代餐食品。 我关注代餐食品是一个偶然的机会，听说了美国代餐奶昔 Soylent 创始人罗伯·瑞尼哈特的传奇故事。

　　2013 年，美国硅谷一位年轻的软件工程师罗伯·瑞尼哈特创业遭遇了困难，甚至为一日三餐而犯愁。 他突然想到，人类为什么需要食物，不就是为了从食物中获取营养物质吗？ 如果这样，我们为什么又要花钱费事制作各种食物，直接补充营养物质不就得了吗？ 罗伯·瑞尼哈特发扬电脑极客精神，从谷歌上搜索到了一个成年人每天所必需的营养物质，按一定比例编制了一份人体生存需要的 35 种营养物质清单。 他从网上采购到这些可食用的营养物质，并将这些营养物质倒入搅拌机内加水搅拌之后，第一份营养餐就这么诞生了。 他借用美国反乌托邦科幻电影《超世纪谍杀案》中一种所谓高能量饼干的名称，而将营养餐命名为 Soylent。 罗伯·瑞尼哈特连续吃了一个月的 Soylent，并将他食用 Soylent 的体验文章和 Soylent 的配方一并发表在黑客新闻的社区网站，引起了广泛热议。 一些好奇者按照 Soylent 配方自己调制营养餐，一些营养学家对 Soylent 配方提出了优化方案。 罗伯·瑞尼哈特趁势在众筹网站上募集到超过 100 万美元的资金，他和他的合作伙伴终于放弃软件项目，转而投向了食品行业，现在 Soylent 已成为估值超亿美元的食品企业。

　　Soylent 是一家非常成功的食品科技企业。 在 Soylent 出现之前，也有许多老牌食品企业做过营养代餐食品，但都没有 Soylent 那样具有广泛的社会影响。 罗伯·瑞尼哈特作为一名软件工程师能在代餐食品领域做的这么有影响，得益于他的互联网的思维。 首先，Soylent 始终是开源的，在 Soylent 的包装盒上就能查到营养物质的清单。 其次，Soylent 是一直在迭代升级的，从 Soylent 1.0 版至 1.7 版都是粉剂，现在的 Soylent 3.0 版是瓶装奶昔，从营养成分到口味风格始终在完善。 再次，Soylent 非常注重个人体验，罗伯·瑞尼哈特亲自食用 Soylent，并撰写体验文章，起到了较好的示范作用。 购买 Soylent 营养餐的大多数是年轻人，他们喜欢尝试新鲜事物，爱好快捷方便、营养均衡的新兴食品。

当下中国代餐食品热的陡然升温，我以为主要有三个原因：一是在新冠疫情影响下，人们的社交性聚餐趋于谨慎，转而尝试新兴的代餐食品。 二是在现代都市背景下，许多青年男女疏于健康管理，肥胖已成为现代都市的一道奇特风景。 据国家卫生健康委员会发布的《中国居民营养与慢性病报告（2020 年）》显示，我国城乡各年龄组居民超重肥胖率继续上升，18 岁及以上居民超重率和肥胖率分别为 34.3％和 16.4％。 一些代餐食品标明具有减肥功能，成为了大多数青年男女的热选。 三是在互联网、移动终端的诱惑下，许多单身青年蜕变为宅男宅女，简单而快捷的代餐食品成为他们的不二选择。 代餐食品的崛起已经成为一个不可逆转的趋势。

代餐食品的功效

代餐食品的顽强崛起有着机遇的契合，更有着食物革命的强大逻辑。 我们必须看到，人类在温饱无忧之后，追求生活的享受，美食正是生活的享受之一；而传统的饮食是一种低效的饮食方式，人类日常饮食中真正被人体吸收的营养物质仅占极少一部分，大部分食物经人体消化分解后被作为废物排出了体外。 富裕起来的人们常为口腹之欲而恣意享受美食，过度的烹饪，过量的饮食，早已偏离食物的本质，成为了人类健康的敌人。

《中国居民营养与慢性病报告（2020 年）》指出：我国 18 岁及以上居民高血压患病率为 27.5％，糖尿病患病率为 11.9％，高胆固醇血症患病率为 8.2％，40 岁及以上居民慢性阻塞性肺疾病患病率为 13.6％，与 2015 年发布的结果相比均有所上升。专家解读，我国居民肥胖及一些慢性病的上升，与静态生活时间普遍增加、能量输入与输出不平衡有极大关系。中国营养学会定期发布的《中国居民膳食指南（2016 年）》明确指出，食物多样是平衡膳食模式的基本原则。该"指南"建议平均每人每天摄入 12 种以上食物，每周 25 种以上；一般来说，这些食物还必须含有人体所必需的六大类 40 余种营养素。要达成这样一个平衡膳食的严谨要求，营养全面的代餐食品其实是一个不错的选择。

首先，代餐食品是一种营养食品。品质优良的代餐食品根据营养专家的研究成果，为每个成年人提供每餐所需的能量、蛋白质、脂肪及主要营养物质，有的还加入了适量的膳食纤维；并在包装上明确标识产品所包含的主要营养成分。我在知乎参与讨论时，许多年轻人数月甚至两三年内连续食用代餐食品，并无感觉任何不适；体检时，身体各项指标检测正常，证明了代餐食品的可行性。

其次，代餐食品是一种便捷食品。代餐食品包括了代餐饮料、代餐奶昔、代餐饼干等，无论固体、液体还是半固体的代餐食品，都具有即食性，食用十分便捷，因此被归为"懒人经济"的范畴。美国代餐奶昔（Soylent）上市时，受到了硅谷编程工程师的普遍欢迎，因为这种即食的代餐奶昔大大节省了这些惜时如金"码农"的就餐时间，中国的代餐食品也曾经成为考研一族的最爱。

再次，代餐食品是一种保健食品。许多代餐食品具有保健功能。中国营养学会公布的《代餐食品》团体标准即适用于控制体重的成年人群的代餐食品。上海市第十人民医院内分泌科曾对一些肥胖患者用全营养代餐食品代替每日晚餐，观察随访发现肥胖患者的代谢水平有所改善，并具有良好的耐受性和安全性。随着食品科技水平发展，未来的功能性代餐食品还能补充人体日常需要的营养，具有改善人体血脂、血糖稳定性，调理肠道内微生物等保健作用。

最后，代餐食品是一种高效食品。代餐食品针对人体的营养需求，具有高纤维、低热量、易饱腹等特点，大大减少了对食物的浪费。如果代餐食品能够普及，即使每周仅替代若干正餐，对确保粮食安全也是一件极好的事情。

代餐食品的未来

代餐食品正处于一个明显的风口。许多代餐食品企业以互联网为依托，网红产品不断涌现。新兴的代餐食品企业来势汹汹，老牌的传统食品企业争先恐后进入，各种金融资本伺机而动。据多家媒体报道，2020年以来，已经出现数起新兴代餐食品企业成功融资的案例。根据《天猫食品行业趋势分析报告（2019年）》显示，代餐食品已经成为流行趋势，新一线和二线城市消费占比接近五成，且呈现大于50％的年增长率。据天猫数据预计，未来几年，以代餐食品为代表的功能零食市场规模将达到1500亿元，成长空间十分广阔。

无论未来代餐食品的发展有着何等广阔的市场，但眼下的代餐食品市场却存在着良莠不齐的状况，加强科研、完善监管、建立法规、创新发展是未来代餐食品的必由之路。

加强食品科研。代餐食品是一个新兴食品产业，食品安全关乎着人们的健康，必须以科研为基础开拓代餐食品市场。随着代餐食品产业的发展，代餐食品企业必须加强与食品科研机构合作，开发各种类型的代餐食品，针对不同代餐食品的原料处理、制备方法等，提高生产工艺；卫生保健部门也要注意一些功能性代餐食品的医学观察，确保代餐食品产业的健康发展。

完善市场监管。代餐食品蓬勃发展，市场监管部门必须将代餐食品、代餐食品相关企业及早纳入监管范围，从源头抓起，开展专项整治，加强对代餐食品企业生产、加工、销售的全程监控，把好原、辅材料关，控制食品添加剂的使用，在包装上明确标注食品成分，严禁

"三无产品"流入市场。 消费者也要提高代餐食品的辨识能力，遇到违法违规产品及时向有关部门举报，共同维护好市场秩序。

健全法规制度。 代餐食品正处于一个成长期，市场出现了各种类型的代餐食品，但迄今为止仍没有关于代餐食品的国家强制性标准。2019 年 1 月，中国营养学会发布了《代餐食品》团体标准。 这个团体标准仅为"控制体重"代餐食品的一个行业参考标准，并不具有广泛性与强制性，代餐食品目前仍按照普通食品进行管理，亟待健全法律法规制度，依法进行全面管理。

创新商业模式。 市场代餐食品呈现了多种类型，有的具有营养性，也有的具有功能性。 未来代餐食品的发展，可以根据产品的不同类型，采取不同的商业模式。 普通的营养型代餐食品满足普遍需求。特殊的功能型代餐食品，也可以采取定制等方式，满足减肥、降糖、降脂及消化不良等特殊人群的个性需求，使得代餐食品成为具有良好辅助医疗效果的系列保健食品。

我看好代餐食品的发展，但我并不提倡每天每顿都要食用代餐食品，而是建议大家关注代餐食品发展，适当尝试代餐食品。 大多数人可能会选择传统餐与营养餐交替食用的方法，在美味与营养之间找到一种良性平衡。 Soylent 包装盒上曾有一句很有意思的广告词：Soylent 并不打算取代每一餐，但它可以代替任何一餐。

元宇宙概念的机遇与未来

> 心外到极致广大，心内到极尽精微，反而可能就是一体。我心即宇宙，宇宙即我心。
>
> ——赵国栋，等《元宇宙》

2021 年，正是疫情肆虐、百业萧条的时刻，一个簇新的概念——元宇宙腾空而起，一时惊艳了四方。中译出版社精心策划，赵国栋、易欢欢、徐远重、邢杰、余晨等互联网大咖通力协作，联袂推出《元宇宙》《元宇宙通证》两本书，在国内掀开了元宇宙的神秘面纱。他们异口同声称：2021 年是元宇宙的元年。从此刻开始，人类又多了一个"应许"之地，即将进入"后人类社会"。当许多人仍没反应过来时，在资本市场苦苦寻找机会的大佬们猛地嗅到了一股新鲜气息，硬是找出几个所谓"元宇宙"概念股，来回几个爆炒，让这个梦幻般的元宇宙概念，有了几份更为真实的感觉。

我们丝毫不奇怪，资本市场的热点风水轮流转，各领风骚三五天；而互联网大咖们在所谓元宇宙元年虔诚播下的一粒粒元宇宙的种子，又能否如愿望那般破土而出，茁壮成长，最终长成参天大树，成为庇护人类的又一方绿荫呢？ 这才是我们今天要说到的一个有趣话题。

元宇宙的本质

我们生活在一个自然的世界。 这个世界阳光雨露、山水相依，这个世界城乡连绵，人潮汹涌。 这是一个可以用心和手触摸的真实世界。 人类在这个世界中感悟自然，发现新知，创造奇迹，一点一滴地改变着这个世界。 自工业革命以来，一波又一波的技术革命浪潮，把人类的科学与技术发展不断推向极致；尤其是计算机、互联网、人工智能、现代信息技术等的兴起，人们逐渐搭建了一个互联网的世界。在这个互联网的世界里，人们交友、聊天、相亲、购物、游戏、看新闻、受教育、展示才艺、探索奥秘等，几乎是无所不能。 于是，互联网大咖们便以互联网为分界线，把线下的世界称为物理世界，把线上的世界称为虚拟世界。

元宇宙就是一个虚拟世界的概念。 《元宇宙》一书序言中定义："元宇宙"是一个平行于现实世界，又独立于现实世界的虚拟空间，是映射现实世界的在线虚拟世界，是越来越真实的虚拟世界。 人们在这个虚拟的世界里流连忘返、乐此不疲。 2020 年《中国互联网络发展状况统计报告》指出，中国网民平均在线时长为 4.4 小时。 据分析，这些年来网民的平均在线时间持续增长，人们越来越离不开这个虚拟世界。

亚里士多德曾说过，人是一种社会性动物。 我们需要生活在社会之中，而正是互联网丰富了我们的社会联系。 现在，无论我们身处何地，我们都可以通过互联网随时随地拥抱这个广袤而精彩的世界。互联网冲破了物理世界形成的各种阻隔，也冲破了现实社会带给我们的各色枷锁。《元宇宙通证》表示："我们在现实世界里往往戴着形形色色的面具，因为政治、宗教、组织、血缘、种族、职业、岗位、利益等各种原因，时间一久，面具与面孔的界面可能变得模糊了。""而元宇宙世界中的你，不再受物理世界的约束，可以根据本性放飞真实的自我。"应该说，这正是虚拟世界的引人入胜之处。我们有时真的很难判断，在现实社会的自己与在虚拟世界的自己相比，哪一个才更为真实？

元，在汉语文字中原义为首，也可引申为天地万物之始的意思。元宇宙的本质就是要以互联网为基，以新技术为支撑，为人类开辟出一个虚拟的新世界。在一些人眼中，这个新的虚拟的元宇宙，寄托了人类社会的种种理想，除却了现实世界的种种弊端，将成为人类栖息的一个愿景之地。

元宇宙的机遇

人类的可贵之处在于心怀理想，美好的理想始终成为激励人类社会前进的力量之源。平心而论，现实社会也有现实社会的可爱之处，虚拟世界也有虚拟世界的可取之道。在相当长的历史阶段，虚拟世界仍是物理世界的一个映射，物理世界与虚拟世界将并行不悖；但这丝毫不影响元宇宙作为人们心中的一个愿景之地，去构建理想的虚拟世界。元宇宙不是一天建成的，而构建元宇宙的过程注定会给科技进步与经济增长带来巨大的机会，因为这契合了一个时代的变迁。元宇宙的虚拟世界以网络为基，我们首先要做的是互联网升级，下一代网络的目标应该是更便捷、更开放、更智能、更安全。更便捷就是要采用新一代无线通信技术，建立高速率、低延时、大连接的宽带网络；更开放就是要采用新的网络协议，拓展网络地址空间，增强网络综合接纳能力，实现从人到物的广泛链接；更智能就是要采用人工智能技术，对网络进行有效管理及维护，确保网络运行的稳定可靠；更安全就是对网络访问对象进行识别、认证及授权等，加强数据加密处理，形成一个可信任的安全网络。 所有这些，包括但不限于 5G、IPv6 等技术，从而构建起新一代互联网。

虚拟世界以新技术为支撑，从下一代网络到互联网的各种应用场景都离不开创新技术的运用。 《元宇宙通证》提出，支持"元宇宙"的六大技术包括区块链技术、交互技术、电子游戏技术、人工智能技术、网络及运算技术、物联网技术；与这六大技术相关联的还有许多专门的细分技术。 这些技术归纳起来，总体上可以称为数字技术。虚拟世界就是一个数字化的世界。 在这个数字化的世界里，各种事物都会被数字技术转化为数据，通过网络传输到各个计算中心，然后采用人工智能技术等进行有效管理。 未来是一个数字化的时代，各种数字技术一定会大行其道。

在数字化时代，我们面临着经济与社会的全面数字化转型。 首先是产业转型。 现在是金融、贸易、服务、教育、娱乐、艺术等传统行业的数字化转型，以后还会有更多的产业转向数字化。 在产业转型过程中，会遇到各种各样的问题，而问题需要解决，但趋势不会改变。其次是整个经济转型。 在产业转型的基础上，产生数字资产、数字货币、数字市场等，形成完整的数字经济。 在虚拟世界里，数字经济日益活跃，这是元宇宙基业长青的底层逻辑。

在人类历史的长河中，我们可以从不同的视角去看待人类社会发展，从农业化到工业化再到数字化。 在工业化过程中，我们凭借出色的制造能力把物理世界建设成现代的模样；在数字化过程中，我们将依靠强大的创造能力把虚拟世界改造成未来的范式。 在预言家眼中，元宇宙将是人类的又一个杰作！

元宇宙的未来

追根溯源，最早的元宇宙概念，源自美国科幻作家尼尔·斯蒂芬森 1992 年出版的小说《雪崩》。《雪崩》的中文译本把"元宇宙"译作"超元域"，书中写道："实际上，他在一个由电脑生成的世界里：电脑将这片土地描绘在他的目镜上，将声音送入他的耳机中。用行话讲，这个虚构的空间叫作'超元域'"。在这里，超元域就是元宇宙。

小说《雪崩》中描写的场景，后来被许多 VR 游戏反复再现。在 VR 游戏中，玩家戴上 VR 眼镜或 3D 头盔，在虚拟的场景里，化身为游戏中的强者，一路披荆斩棘，成就不朽的传奇。根据同名小说改编的美国科幻冒险影片《头号玩家》就描述了这样一个故事：一个现实生活中无所寄托、沉迷游戏的大男孩，凭着对虚拟游戏设计者的深入剖析，历经磨难，成功地通关游戏，并获得了网恋女友的爱情。因此，《元宇宙》一书认为：游戏孕育了元宇宙。

游戏孕育了元宇宙并不错，但元宇宙的未来应该不仅仅止于游戏。VR 游戏强调沉浸式体验，所谓的沉浸式体验仅是头戴 VR 眼镜或 3D 头盔，通过人的视觉、听觉甚至嗅觉器官等营造出一种感觉，而不是全身心的彻底融入。什么是全身心的融入呢？根本的区别就是不仅用人的感觉器官去感受虚拟世界，而是让人的意识真正进入虚拟世界。让人的意识真正进入虚拟世界涉及一项未来技术：人的意识的数字化。世界上万事万物都能数字化，人的意识也能数字化吗？许多人认为：能！美国著名未来学家雷·库兹韦尔不仅认为能，而且在他的《奇点临近》一书中给定了一个时间——21 世纪 30 年代：人类大脑信息上传成为可能。

人的意识是什么？这是一个极具争议的概念。在我看来，人的意识是人的感觉与人的思维相互作用的产物，反映了人的精神活动，意识与生命同在。 在某种意义上，人生不过是一段生命的信息。 我们不知道的是：这段生命信息以何种方式存在，如何才能被现代的技术手段数字化，数字化的意识能否脱离人的肉体而上传至其他介质？大脑，人精神活动的中枢，这是目前为止人类了解最少的神秘器官。因此，才有了各国的"大脑计划"，才有了马斯克这个商业奇才的"脑机接口"等，一切都为了破解大脑的奥秘。 破解大脑奥秘，实现人的意识的数字化，这可能是完成元宇宙版图的最后一块拼图。 元宇宙的终极目标指向了人的虚拟永生，这才是元宇宙真正的魅力所在。

　　未来已来，不可思议！

在阅读中体验科学之美

> 生活里没有书籍，就好像没有阳光；智慧里没有书籍，就好像鸟儿没有了翅膀。

> ——莎士比亚《爱的徒劳》

　　我热爱科学，喜欢阅读科学著作、科学普及著作。 在古代社会，科学涵盖在哲学范畴之内，通常被称为自然哲学，体现了人类对世界的最初认知。 许多古代的自然哲学著作，与社会大众对自然的认知相接近，并不显得十分高深莫测。 如欧几里得的《几何原本》等，至今读来仍是那么的饶有趣味。 《几何原本》最早的中文译本是意大利传教士利玛窦和中国科学家徐光启合作完成的。 徐光启曾评价此书："能精此书者，无一事不可精；好学此书者，无一事不可学。"爱因斯坦也说过："如果欧几里得未能激发起你少年时代的科学热情，那么你肯定不会是一个天才的科学家。"由此可见，一本科学著作，对人的科学思想的影响能够有多么巨大。

17、18 世纪以后，科学逐渐成为一个独立的知识体系。 科学的进步使得学术分科日趋专业，许多科学的专业著作越来越深奥艰涩，往往不为社会大众所理解。 科学普及日益成为一项专门的工作。 许多著名的科学家都十分热心科学知识普及工作，亲自动手撰写科普著作，起到了示范带动作用，而专业的科普作家也大量应运而生。 科普作家有一定的科学知识，但不是科学家。 科学家撰写科普著作更多地从专业角度进行论述，科普作家撰写科普著作更多地从社会大众角度进行讲解。 无论从哪一个角度，好的科普著作总能够给人以丰富的知识与情趣，体现出一种人文关怀，满足人对世界的好奇探索。 这些科普著作，往往既讲述了科学知识的原理，也描绘科学发展的历程，深入浅出，文字隽秀，给人以启迪，给人以鼓舞，更给人以一种美的享受。

我作为一名非科学专业人士，阅读科学著作时常为书中大量数学公式演绎的定义而产生困扰，有时甚至也不能够理解科普著作所阐述的高深原理。 但是，我仍能体会到科学家在探索未知世界与未知领域过程中的那种英勇无畏，体会到科学新知在与传统观念较量中前进的那种不屈不挠。 我十分赞赏北京大学哲学系吴国盛教授在《什么是科学》一书中所说的："科学精神就是理性精神，就是自由精神。"正是科学所体现的这种崇尚理性的精神，崇尚自由的精神，一直鼓舞着人类社会不断探索前进。

我因喜爱而多有收集收藏一些科学著作、科普著作。 我周围的一些朋友也常让我推荐一些科学著作、科普著作的书目，我参考网上常见的科普书籍推荐目录，形成了自己的一个科学著作、科普著作参考书目，现摘要如下：

（1）《动物志》。 约成书于公元前 350 年，作者亚里士多德，古希腊思想家、哲学家，百科全书式的科学家。 《动物志》是亚里士多德一部奠基性的科学著作，也是古代第一部按学术体系记录人类关于生物学广泛知识的著作，在科学史上有着崇高地位。

（2）《几何原本》。约成书于公元前 300 年，作者欧几里得，古希腊数学家。《几何原本》是古希腊数学集大成的著作，标志着人类对几何空间的全面认识，全书章节安排严谨，由定义、公式、命题、证明以及符号和图像等构成，被认为是历史上最成功的教科书。

（3）《天球运行论》。该书在 1543 年问世，作者尼古拉·哥白尼，波兰天文学家。在书中，哥白尼提出了地球自转和公转的概念，用太阳取代了地球在宇宙的中心地位。哥白尼的"日心说"所表达的思想开辟了近代科学的新时代。

（4）《关于托勒密与哥白尼两大世界体系的对话》。该书 1632 年问世，作者伽利略·伽利雷，意大利物理学家、天文学家。在书中，伽利略采取 3 个人对话的方式，在 4 天的时间内，就托勒密的地心说和哥白尼的日心说展开了辩论，辩论支持了哥白尼的日心说。伽利略因此而受到了宗教法庭的审判。

（5）《自然哲学的数学原理》。该书 1687 年问世，作者伊萨克·牛顿，英国物理学家、科学家。该书开篇是导论，包括"定义及注释"以及"运动的基本定理或定律"；除导论外，后文分三篇：第一篇运用基本定律研究引力问题；第二篇研究物体在介质中的运动；第三篇论述力学在天文学中的具体运用，最后是"总释"，对许多未知问题的推测。该书是科学史上的一部伟大著作。

（6）《物种起源》。该书 1859 年问世，作者查尔斯·达尔文，英国生物学家、博学家、进化论的奠基人。达尔文在书中用大量亲身考察所获得的第一手资料，说明了生物在遗传、变异、生存斗争和自然选择中，由简单到复杂、由低等到高等不断发展变化的过程，提出了"生物进化论"学说。

（7）《电磁通论》。该书 1873 年问世，作者詹姆斯·麦克斯韦，英国物理学家、经典电动力学的创始人。在书中，麦克斯韦总结了前人对电磁现象的探索过程，论述了本人在电磁学方面的创造性研究，建立了一个完整的电磁理论体系。

（8）《昆虫记》。该书 1910 年问世，作者让·亨利·法布尔，法国昆虫学家、文学家，毕生从事昆虫研究。 该书是一部概括昆虫的种类、特征、习性和繁殖方式的昆虫学巨著，也是一部富含知识、趣味美感和哲理的文学佳作。

（9）《狭义与广义相对论浅说》。 该书1916年问世，作者阿尔伯特·爱因斯坦，犹太裔物理学家，诺贝尔物理学奖获得者。 该书是爱因斯坦亲自为相对论所作的一个大众化解释，第一部分介绍了狭义相对论；第二部分介绍了广义相对论；第三部分介绍了宇宙物理的一些基本概念。

（10）《生命是什么？》。 该书1944年问世，作者埃尔温·薛定谔，奥地利物理学家，诺贝尔物理学奖获得者。 他作为一名物理学家，试图用物理学和化学的法则诠释生命现象，为分子生物学的诞生做了概念上的准备，一些年轻物理学者在该书的感召下投身了生物学的研究洪流。

（11）《寂静的春天》。 该书1962年问世，作者蕾切尔·卡逊，美国海洋学家。 在书中，她以动人的文字述说和翔实的调查数据，揭示了DDT等农药对人类环境的危害，因此受到了利害攸关企业和部门的猛烈抨击，但真理最终站在了她这一边。 该书开启了人类尊重自然、保护生态的一个新时代。

（12）《自私的基因》。 该书1976年问世，作者理查德·道金斯，英国生物学家、科普作家。 在书中，道金斯把基因视为自然选择的基础单位，以基因进化的独特视角，解释自然界中的各种生物行为现象，惊世骇俗地提出"我们生来是自私的"。 他的基因观念深刻影响着世人。

（13）《科学的历程》。 该书1995年问世，作者吴国盛，北京大学哲学系教授。 该书以通俗的语言和大量的文献图片，全方位地展示了世界科学技术的发展历史。 吴国盛教授的另一本著作《什么是科学》则从东西方文化差异的角度，阐述了科学的本质。

（14）《时间简史》。 该书1998年问世，作者史蒂芬·霍金，英国物理学家。 该书以通俗的语言讲述物理学的前沿知识，深入浅出地描述了宇宙起源、黑洞、狭义相对论的时空观等，巧妙解释了物理学的大一统理论以及 M 理论等的奥妙，成为科普著作的典范。

（15）《皇帝新脑》。 该书 1998 年问世，作者罗杰·彭罗斯，英国物理学家、哲学家。 在书中，彭罗斯对电脑科学、数学、物理学、宇宙学、神经和精神科学以及哲学进行了广泛探讨。 他认为，正如皇帝没有穿新衣一样，电脑并没有头脑，人类要制造通过图灵检验的机器还是非常遥远的事情。

（16）《物理学的未来》。 该书 1999 年问世，作者加来道雄，日裔美国人，物理学教授。 该书从超级计算机、人工智能、未来医学、纳米机器人、未来能源、太空旅游、职位财富、行星文明、未来生活共 9 个方面，描绘了从今天至 2100 年人类在物理学方面将会取得哪些革命性的科学进展。

（17）《夏娃的七个女儿》。 该书 2002 年问世，作者布莱恩·赛克斯，牛津大学人类遗传学教授。 他发现了从年代久远的古代骨骼中提取 DNA 的方法。 在书中，他认为 97％的欧洲人的血统来自 7 位母系先祖，成为一本从 DNA 角度研究人类学的经典著作。 该书的中文翻译张振，曾著有《人类六万年》，这也是一本著名的人类学著作。

（18）《DNA 生命的秘密》。 该书 2003 年问世，作者是詹姆斯·沃森和安德鲁·贝瑞。 沃森是美国生物学家，诺贝尔生理或医学奖获得者；贝瑞是遗传学博士，哈佛大学比较动物学博物馆研究员。 该书从孟德尔遗传定律到 DNA 双螺旋结构发现、人类基因组图谱完成，讲述了遗传学发展的简史，介绍了 DNA 的基本概念和在各个领域的运用以及可能带来的社会风险。

（19）《奇点临近》。 该书 2005 年问世，作者雷·库兹韦尔，美国发明家、预言学家。 库兹韦尔在书中将宇宙进化历史分为 6 个纪元，探讨和分析了科学发展的趋势。 他大胆预言：2045 年，奇点来临，人工智能完全超越人类智慧，人类历史将要彻底改变。

（20）《宇宙大百科》。 该书 2005 年问世，主编马丁·里斯，英国物理学家、宇宙学家。 该书以大量精美的图片、通俗易懂的描述，向读者介绍了宇宙的起源，银河系、太阳系及地球的构造，成为一本卓越的天文教科书。

（21）《上帝掷骰子吗？》。 该书 2006 年问世，作者曹天元，科普作家。 该书通过讲述量子物理史话，介绍了量子物理发展过程中的各种有趣的故事，使人们对高深的量子物理概念有了一个感性的认识。

（22）《终极算法》。 该书 2015 年问世，作者佩德罗·多明戈斯，美国华盛顿大学计算机科学教授。 该书阐述了机器学习五大学派思想，解释如何将神经科学、心理学、物理学等领域的理论转化为算法，提出了"终极算法"的概念，强调机器学习和人工智能将重塑世界。

（23）《未来简史》。 该书 2016 年问世，作者尤瓦尔·赫拉利，以色列希伯来大学历史系教授。 该书认为，进入 21 世纪以后，曾长期威胁人类生存与发展的瘟疫、饥荒和战争已经被攻克，智人将面对新的议题：长生不老、幸福快乐和化身为神。 在人工智能日益发展的新时代，人类面临着进化为智人以来的最大一次改变，绝大多数人将沦为"无用的群体"，只有少部分人能进化成特质发生改变的"神人"。 尤瓦尔的另一本著作为《人类简史》。

作为一名科学爱好者，我也时常撰写一些科普文章，较多发表在机关内部的刊物上，为机关干部的科学与技术知识普及做一些力所能及的事情。

我始终相信，科学与技术是未来世界变化与发展的终极原因，人类社会终将因科学发展而前进，因技术进步而美好。 让我们共同以科学与技术的名义，携手并肩，结伴而行，一起畅游科学与自然共同塑造的世界。

后　记

　　在党政机关工作多年，平常接触的许多干部，工作中表现十分优秀，只因其大学具有文科背景，对现代科技知识了解不多，尤其是对一些新的科技概念知之甚少，影响了正常的工作发挥。从 2016 年开始，我尝试进行科普创作，想为机关干部普及现代科技知识尽一份责任。在科普写作过程中，我往往通过网络大数据选择热点科技题材，题材确定后自己寻找科技图书进行学习，学习中遇到不懂的问题便向专家学者请教，甚至在知乎网站上注册登记，时不时提些问题征询答案等，在自己大体学通弄懂的基础上进行创作。到政协工作之后，我曾到全国各地考察大科学项目，更是开阔了眼界，增长了知识。退休以后，有了更多的时间，我爱上这份业余的科普创作工作。我感到，科普创作的过程，既是自己学习现代科技知识的过程，也是结识广大科普爱好者的过程。长此以往，乐此不疲，与科技及科普工作结下了不解之缘。

　　面向机关干部写作科普文章，目的是让大家对现代科技知识有一些初步的了解，我尽量让文章写得通俗易懂，用文字描述代替各种数学公式推导，使大家对科技新概念有一个大体的了解。考虑到机关工作繁忙，每篇文章的文字量一般在四五千字左右，大约花半个小时就能够浏览阅读。如果哪一位有兴趣作进一步探讨，则可以在初步了解的基础之上阅读专业书籍,进行更深入的学习。科普文章写好之后,我会寻找这方面的专家学者,请他们看一看、把把关,以免造成谬误,贻笑大方。到政协工作以后,政协各方面人才荟萃,请教亦愈加方便。许多政协委员都被我打扰过,我在这里一并表示深切感谢!

我的这些科普文章,大多数刊登在省级机关的内部刊物上,偶尔也有几篇刊登在省里的公开刊物上。许多机关老朋友看到后给了我许多肯定,也鼓励我汇集出版,进一步发挥科普的作用。感谢中国科学技术大学出版社的大力支持,最终有了这一本小册子,感谢南京艺术学院的孟子茹同学为本书绘制了插图,也感谢参观的科研院所朋友为我提供部分照片。本次利用重印之机,我又新增加了《中国人造肉的市场前景与产业策略》《代餐食物:一场食物革命的盛宴》《元宇宙概论的机遇与未来》3 篇文章。我自己是南京大学中文系毕业,也是文科背景。这些文章算是我这两年学习现代科学技术知识的一些心得体会。本人水平有限,文章中不尽如人意的地方肯定是有的,仍希望各位专家学者不吝赐教,我的邮箱为 525723421@qq.com,十分感谢!

做一个热爱科学的现代人,从你和我共同做起。让我们在充分享受现代科学与技术带来的幸福生活的同时,一起去探索科学与技术的奥秘。

徐　鸣

2022 年 6 月 22 日修改于南京